新型职业农民培训系列教材

——农业机械系列

收获机械的作业与维护

智刚毅　齐　国　主　编

路进乐　副主编

中国农业大学出版社

·北京·

内容简介

本书内容包括：收获机械概述、谷物联合收割机、玉米收获机械、薯类收获机械、饲料收获机械、棉花收获机械、花生收获机械等收获机械构造常识、使用和维护保养方法。

图书在版编目(CIP)数据

收获机械的作业与维护/智刚毅，齐国主编，—北京：中国农业大学出版社，2013.12

ISBN 978-7-5655-0886-8

Ⅰ.①收… Ⅱ.①智…②齐… Ⅲ.①收获机具-教材 Ⅳ.①S225.07

中国版本图书馆 CIP 数据核字(2013)第 315624 号

书　　名　收获机械的作业与维护
作　　者　智刚毅　齐　国　主编

策划编辑　张　蕊　陈肖安　汪春林　　**责任编辑**　张　蕊
封面设计　郑　川　　**责任校对**　陈　莹　王晓凤
出版发行　中国农业大学出版社
社　　址　北京市海淀区圆明园西路 2 号　　**邮政编码**　100193
电　　话　发行部 010-62818525,8625　　读者服务部 010-62732336
编辑部 010-62732617,2618　　出　版　部 010-62733440
网　　址　http://www.cau.edu.cn/caup　　**e-mail** cbsszs@cau.edu.cn
经　　销　新华书店
印　　刷　中煤涿州制图印刷厂
版　　次　2014 年 1 月第 1 版　　2014 年 1 月第 1 次印刷
规　　格　850×1 168　32 开本　3.875 印张　95 千字
定　　价　10.00 元

编写人员

主　编　智刚毅　齐　国

副主编　路进乐

参　编　王　朋　刘淑军　杨一楠　冯　剑　刘红立

前　言

农民是农业生产经营的主体。开展农民教育培训，提高农民综合素质、生产技能和经营能力，是发展现代农业和建设社会主义新农村的重要举措。党中央、国务院高度重视农民教育培训工作，提出了“大力培育新型职业农民”的历史任务。为贯彻落实中央的战略部署，提高农民教育培训质量，同时也为各地培育新型职业农民提供基础保障——高质量教材，我们遵循农民教育培训的基本特点和规律，编写了《收获机械的作业与维护》培训教材。

《收获机械的作业与维护》是新型职业农民培训系列教材之一。该教材内容包括：收获机械概述、谷物联合收割机、玉米收获机械、薯类收获机械、饲料收获机械、棉花收获机械、花生收获机械等收获机械构造常识、使用和维护保养方法等内容，涵盖了收获机械的作业与维护的关键技术。内容通俗易懂，具有很强的针对性和实用性，既可作为农机服务组织及农机专业户的培训教材，也可作为农机技术人员、管理人员与农业职业院校相关专业师生的学习参考用书。

本书由河北省科技工程学校副校长、高级讲师智刚毅，高级讲师路进乐，高级实验师刘淑军，实验师王朋，讲师杨一楠和中央农业广播电视学校副校长、副研究员齐国，冯剑同志以及青海省乐都县农机管理站农机工程师刘红立编写，智刚毅、齐国担任主编、路进乐担任副主编。农业部科技教育司张景林和原农业部农民科技教育培训中心陈肖安等同志对教材内容进行了审定，在此一并表示感谢。

由于编者水平有限，加之时间仓促，教材中不妥和错误之处在所难免。衷心希望广大读者提出宝贵意见，以期进一步修订和完善。

编　者

2013 年 9 月

目　录

一、收获机械概述

农作物收获是农业生产的重要环节，机械化收获可提高生产效率，缩短收获期，减少收获中的损失，改善劳动条件，对于保证农业丰产丰收有着极其重要的作用。

(一)收获机械分类

我国幅员辽阔，种植的农作物千差万别，使得收获机械在农业机械中种类最多，结构最为复杂。我国2008年发布实施的《农业机械分类》农业行业标准(NY/T 1640—2008)规定，收获机械分为10类。

1. 谷物收获机械

谷物主要指水稻、小麦、谷子、荞麦、燕麦、大豆等禾本科植物。谷物收获机械是我国发展最为成熟的收获机械，保有量最大。谷物收获机械主要包括自走轮式谷物联合收割机、自走履带式谷物联合收割机、背负式谷物联合收割机、牵引式联合收割机、半喂入联合收割机、梳穗联合收割机、大豆收获专业割台、割晒机、割捆机等。

2. 玉米收获机械

玉米收获机械是在玉米成熟时，用机械来完成对玉米的茎秆切割、摘穗、剥皮、脱粒、秸秆处理等生产环节的作业机具，是我国近年来发展最为迅速农业机械，玉米收获机械包括背负式玉米收获机、自走式玉米收获机、自走式玉米联合收获机(具有脱粒功能)、穗茎兼收玉米收获机等。

3. 棉麻作物收获机械

棉麻作物是指棉花和麻类作物，棉麻作物收获机械包括：棉花收获机械和麻类作物收获机械两类。

4. 果实收获机械

果实收获机械包括葡萄收获机、果实捡拾机、草莓收获机及其他果实收获机械。

5. 蔬菜收获机械

蔬菜收获机械包括豆类蔬菜收获机、叶类蔬菜收获机械、果类蔬菜收获机械及其他蔬菜收获机械。

6. 花卉(茶叶)收获机械

花卉(茶叶)收获机械包括花卉采收机、啤酒花收获机、采茶机等。

7. 籽粒作物收获机械

籽粒作物收获机械包括油菜籽收获机、葵花籽收获机、草籽收获机、花生收获机等。

8. 根茎作物收获机械

根茎作物收获机械包括薯类收获机、大蒜收获机、甜菜收获机械、药材挖掘机、甘蔗收获机、甘蔗割铺机、甘蔗剥叶机等。

9. 饲料作物收获机械

饲料作物收获机械包括青饲料收获机、牧草收获机、割草机、翻晒机、搂草机、捡拾压捆机、压捆机及其他饲料收获机械。

10. 茎秆收集处理机械

茎秆收集处理机械包括秸秆粉碎还田机、高秆作物割晒机和其他茎秆收集处理机械。

(二)收获机械编号规则

农机具产品必须有牌号、名称和型号，收获机械在我国农业机械分类中为第 4 大类，故其型号以 4 开头，如自走式谷物联合收割机 4LZ-3A 型号含义如下：

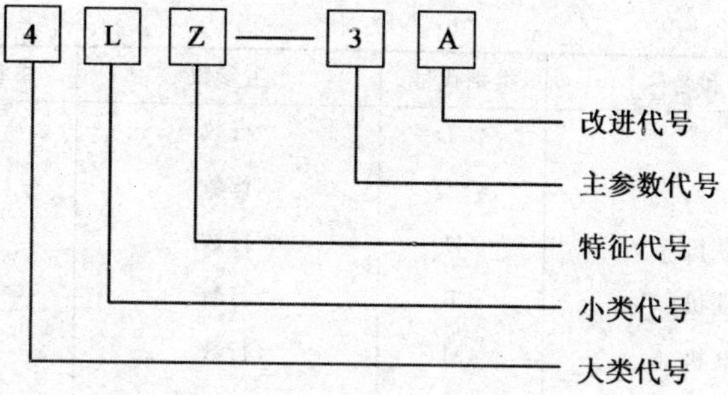

收获机械产品型号含义见表1。

表1 收获机械产品型号含义

类别和名称	类别代号	主参数	主参数单位
收割机	4G	割幅	米
割晒机	4S	割幅	厘米
割捆机	4K	割幅	厘米
谷物联合收割机	4L	以形式定主参数	千克/秒
全喂入联合收割机	4L	喂入量	千克/秒
自走式	4LZ	喂入量	千克/秒
悬挂式(单动力)	4LD	喂入量	千克/秒
悬挂式(双动力)	4LS	喂入量	千克/秒
牵引式	4LQ	喂入量	厘米
半喂入联合收割机	4LB	割幅	厘米
自走式	4LBZ	割幅	厘米
悬挂式(单动力)	4LBD	割幅	厘米
悬挂式(双动力)	4LBS	割幅	厘米
牵引式	4LBQ	割幅	厘米
梳穗联合收割机	4LS	割幅	行
玉米收获机	4Y	行数	行
自走式	4YZ	行数	行

续表1

类别和名称	类别代号	主参数	主参数单位
悬挂式	4YD	行数	行
牵引式	4YQ	行数	行
薯类收获机	4U	行数	行
甜菜收获机	4T	行数	行
棉花收获机	4M	行数	厘米
采茶机	4C	割幅	厘米
电动采茶机	4CD	割幅	厘米
机动采茶机	4CJ	割幅	厘米
人力采茶机	4CR	割幅	厘米
花生收获机	4H	以型式定主参数	
青饲料收获机	4Q	喂入量	千克/秒
茎秆切碎还田机	4J	工作幅宽	厘米

二、谷物联合收割机

谷物联合收割机主要用于小麦水稻的收获作业，能一次完成收割、脱粒、分离茎秆、清粮等工序，直接获得清洁的籽粒。应用联合收割机，可大幅提高生产率，降低劳动强度，争取农时和减少谷物损失。

（一）常见机型及选购

谷物联合收割机按动力配置分为自走式和背负式，按喂入方式分为全喂入式和半喂入式，按行走方式分为轮式和履带式。

谷物联合收割机是技术含量高的农业机械，我国生产谷物收获机械产品的企业有近百家，产品有几十个品种和规格，主要归结为 4 大类，即自走式全喂入联合收割机、背负式全喂入联合收割机、履带式全喂入联合收割机和履带式半喂入联合收割机。

1. 自走式全喂入谷物联合收割机

自走式全喂入谷物联合收割机指自身带有轮式行走机构，工作时割下的作物全部喂入脱粒装置，然后完成脱粒、分离、清粮等作业工序的联合收割机，多用于小麦的收获作业，兼收水稻，如图 1 所示。

自走式全喂入谷物联合收割机功耗大，一次性投入资金较多，但由于作业效率高，作业质量好，在我国得到广泛应用，主要生产企业有福田雷沃国际重工股份有限公司、洛阳中收机械装备有限公司、常发佳联农业装备有限公司、山东金亿机械制造有限公司、郑州三中收获实业有限公司、时风集团等，喂入量 2～7 千克/秒，近年来小型联合收割机市场逐渐萎缩，喂入量 3.5 千克/秒以上的中大型联合收割机发展迅猛，部分典型机型及主要技术参数见表 2。

图 1　自走式全喂入谷物联合收割机

表 2　自走式全喂入联合收割机部分机型与主要技术参数

型号 主要技术参数	新疆 4LZ-2A	福田谷神 4LZ-2.5E	春雨 4LZ-3A	常发佳联 3106
割幅(米)	2.13/2.36	2 200/2 360/2 600	2.75/2.5	3.6
喂入量 (千克/秒)	2～2.5	2.5	3	4
配套动力 (千瓦)	66	61/66/73.5	66	80
作业效率 (亩/小时)	6～10	4.5～12	≥5.5	
粮箱容积 (立方米)		1.5～1.8	2	2.8
外形尺寸 (毫米)	6 560×2 470 2 696×3 143	6 700×2 700 2 950×3 280	6 270×2 710× 3 255	6 300×3 100× 3 100(运输状态)
整机质量 (千克)	4 300	4 340～4 680	4 900	6 500
脱粒装置 形式	切流＋ 横轴流式	切流＋ 横轴流式	切流＋ 横轴流式	钉齿式
清选装置 形式	风筛式	风筛式	双层筛式	风筛式
总损失率 (%)	小麦≤1.5 水稻≤3	小麦≤1.2 水稻≤3		小麦≤1.5 水稻≤3

2. 背负式谷物联合收割机

背负式谷物联合收割机是将收割机挂结在拖拉机上，利用拖拉机的动力完成收割作业，其割台悬挂在拖拉机的前端，脱粒清粮部分悬挂在拖拉机后部，连接割台和脱粒装置的输送装置位于拖拉机侧面，如图 2 所示。

图 2　背负式谷物联合收割机

背负式谷物联合收割机的优点是价格低廉，可提高拖拉机的利用率；缺点是驾驶员视野差，劳动条件差，每次往拖拉机上装卸费时费工，作业质量也不如自走式，正在逐步被自走式联合收割机取代，部分机型与主要技术参数见表 3。

表 3　背负式谷物联合收割机部分机型与主要技术参数

型号 主要技术参数	东方红 4LD-2	大丰王 4LD-2.6	巨明王 4L-2.8
喂入量(千克/秒)	2	2.6	2.8
割幅(毫米)	1 900/2 200/2 500	2 200/2 360	2 360
生产率(亩/小时)	5～10	5～12	3～8
总损失率(%)(小麦)	≤1.5	≤1.5	≤1.5
总损失率(%)(水稻)	≤3.5	≤3	
破碎率(%)	≤2		≤1

续表 3

型号 主要技术参数	东方红 4LD-2	大丰王 4LD-2.6	巨明王 4L-2.8
含杂率(%)	≤2		≤2
整机质量(千克)	1 800	1 950	1 900
外形尺寸(毫米)	6 544×2 625× 3 070	7 544×2 625× 3 110	
配套动力	48～70 马力 拖拉机	70～90 马力 拖拉机	≥80 马力 拖拉机

注:1 马力=0.735 千瓦。

3. 履带式全喂入联合收割机

履带式全喂入谷物联合收割机采用橡胶履带行走机构,接地压力低,在软湿地通过性能好,多用于中南部地区收获水稻和小麦,如图 3 所示。履带式全喂入谷物联合收割机主要生产企业有福田雷沃国际重工股份有限公司、中机南方机械股份有限公司、浙江柳林机械有限公司、湖南龙舟农机有限公司、湖州星光农机制造有限公司、江苏沃得农业机械有限公司等,部分机型与主要技术参数见表 4。

图 3 履带式全喂入联合收割机

表 4　履带式全喂入联合收割机部分机型与主要技术参数

型号 主要技术参数	中天龙舟 4LZ-1.8	碧浪 4LZ-2.0	浙江柳林 4LZ-2.5	沃得巨龙 4LZ-3.5
割幅(米)	1.83	2	2.1	2.8
喂入量 (千克/秒)	1.8	2	≥2.5	3.5
配套动力 (千瓦)	40～42	36.7	52	66
总损失率 (%)	水稻≤3.0 小麦≤1.2	水稻≤3.0 小麦≤1.2	水稻≤3.0 小麦≤1.2	
破碎率 (%)	水稻≤1.5 小麦≤1.0	水稻≤3.0 小麦≤1.0	水稻≤3.0 小麦≤1.0	
含杂率(%)	≤2.0	≤1.8	≤2.0	
作业效率 (亩/小时)	3～7	4～8	3～7	
粮箱容积 (立方米)		0.85	0.2/0.7	1.1
外形尺寸 (毫米)	4 940×2 200× 2 050	4 400×2 300× 2 700	5 260×2 850× 2 680	5 300×4 670× 3 220
整机质量 (千克)	2 330	2 300	2 687	4 000

4. *履带式半喂入联合收割机*

半喂入联合收割机将作物割下后，夹持作物根部而仅将穗部喂入脱粒滚筒进行脱粒，因而滚筒的功率消耗将大大减少，同时它的收获工艺能保证低割茬和茎秆完整，不仅能促进茎秆的综合利用，而且也为农艺后续工序处理提供方便。履带式半喂入联合收割机外形，如图 4 所示。

履带式半喂入联合收割机有立式割台和卧式割台两种，均采用轴流式脱粒滚筒，作物割下后，脱粒夹持链夹住穗秆的根端沿滚筒轴向后输送，让穗部进入轴流滚筒与凹板之间的间隙中进行脱粒，脱下的谷粒经凹板筛孔下落，轻小杂质被风扇的气流吹出机

图4 履带式半喂入联合收割机

外，谷粒经螺旋输送器输出，流入粮仓或粮袋中，脱粒后的茎秆则从夹持链的出口排出，铺放在收割机后部。半喂入履带式联合收割机是水稻收获机械的发展方向，我国主要生产企业有久保田农业机械（苏州）有限公司、洋马农机（中国）有限公司、福田雷沃国际重工股份有限公司、中机南方机械股份有限公司、井关农机（常州）有限公司、江苏常发锋陵农业装备有限公司等，部分机型与主要技术参数见表5。

表5 履带式半喂入联合收割机部分机型与主要技术参数

型号 主要技术参数	久保田 PR0588I	锋陵 4LB-150	碧浪 4LBZ-150II	洋马 4LBZJ-140
外形尺寸（毫米）	4 250×1 900×2 200	4 100×2 170×2 280	4 350×1 850×2 130	4 215×1 985×2 370
割台割幅（米）	1.45	1.5	1.45	1.4
配套动力（千瓦）	44.1	48	52	44.1
适用作物高度（毫米）	650～1 300	650～1 300	650～1 300	650～1 200
割茬高度（毫米）	35～150	35～150		

续表 5

型号 主要技术参数	久保田 PR0588I	锋陵 4LB-150	碧浪 4LBZ-150II	洋马 4LBZJ-140
生产率 (亩/小时)	4.5～7.5	4～7	4.5～7.5	4.5～7.5
整机重量 (千克)	2 300	2 350	2 450	2 780
接地压力 (千帕)	≤24	21	21	

5.选购指南

(1)小麦联合收割机的选购

我国北方地区收获小麦都采用轮式全喂入联合收割机,其选型主要包括类型选择、大小选择、品牌选择三方面,选购时应考虑以下几方面:

①考虑用途　购买小麦联合收割机的用途一般有自用、当地作业和跨区作业服务。一般用户若是自用或在当地作业,可以考虑购买背负式联合收割机,特别是已有拖拉机的用户,可根据现有拖拉机的动力选择配套机型,实现一机多用。若是参加跨区作业的,一般选用中型自走式收割机为宜,作业效率高,作业质量好,转移性、通过性好。

②考虑土地规模　若地块较小,作业对象为一家一户的分散种植区,应选购喂入量 2～4 千克/秒的中小型联合收割机为宜。若土地连片,实行区域化规模化种植地区,可选用喂入量 4 千克/秒以上的大中型联合收割机。

③考虑经济实力　经济实力较强,以在相对发达地区作业为主的,应选购自走式大中型联合收割机;相对落后地区或经济实力较弱,事业在起步阶段,则可选用悬挂式联合收割机,先积累资金以后再考虑更换。

④考虑服务质量　联合收割机是结构复杂的农业机械,一定

要选用安全可靠，“三证”（生产许可证、推广许可证、产品合格证）齐全的正式厂家的产品。同时，购买者要考察厂家“三包”服务能力，优先选用信誉较好、维修配件网点分布广、服务及时周到的厂家的产品。

(2)水稻联合收割机的选购

①功率大小的选择　水稻联合收割机的功率从9～100千瓦不等，机型大小的选择应因地制宜，对于田块平整，且面积较大，应选择较大机型的收割机，作业效率高；如果田块较小且分散，道路条件差，应以小型收割机为宜。

②行走装置的选择　轮式行走装置，通用性好，但是轮胎接地面积小，在水田作业时，下陷较深，转向行走困难，同时对土壤破坏较严重，不宜在水田地区使用。履带式收割机接地面积大，作业时下陷深度较浅，能在湿烂田块的水稻收割，各种稻田都可正常作业，在南方水稻产区适应性好。

③喂入方式的选择　半喂入式机型，割茬较低，仅穗部进入脱粒装置，基本保持秸秆的完整，功率消耗低，作业质量高，但结构较复杂，价格高达15万～20万元，资金投入大，投资回收期长，投资者要有较高经济能力。履带式全喂入机型结构简单，可靠性好，价格4万～6万元，资金投入少，投资回收期2年左右，为南方水稻产区的首选机型，但跨区机收需用车辆进行转移。

④选择成熟机型　应选购当地农机推广部门引进的经过当地试用，证明质量性能可靠，适合当地使用的机型。同时还要注意了解该机型的品牌信誉以及生产企业的售后服务能力等。不要购买质量低劣和售后服务没有保障的水稻联合收割机。

⑤争取购机补贴　购买联合收割机是一项较大的投资，应选择农机购置补贴目录中的好机型，享受国家对农民的购机补贴，减轻支出，增加收入。

(二)基本结构与功能

谷物联合收割机结构复杂，本部分以自走式全喂入联合收割机为例，介绍其总体结构及主要部件的结构及工作过程。

1. 总体结构

自走式谷物联合收获机一般大都由割台、倾斜输送器、脱粒装置、分离装置、清粮装置、卸粮装置、发动机、传动装置和行走装置、液压和电器系统、操纵控制装置等部分组成，自走式谷物麦联合收割机结构，如图 5 所示。

图 5　自走式谷物联合收获机结构

收割机工作时，作物在拨禾轮的扶持作用下，被切割器切割。割下的作物在拨禾轮的作用下，铺放在收割台上，割台搅拢将作物从两侧向割台中部集中，伸缩扒指将作物送到倾斜输送器，输送到脱粒装置，在滚筒和凹板的作用下脱粒。大部分脱出物（谷粒、颖壳、短碎茎秆）经凹板栅格孔落到阶梯抖动筛上；茎秆在逐稿轮的作用下抛送到键式逐稿器上，经键式逐稿器的翻动，使茎秆中夹带的谷粒分离出来，键面上的长茎秆被排出机外。落在抖动筛上的脱出物，在向后移动的过程中，颖壳和碎茎秆浮在上层，谷粒沉在下面。风扇气流的作用下，将大部分颖壳、碎茎秆等吹出机外，未脱净的穗头经尾筛落入杂余推运器，经升运器进入脱粒装置再次脱粒;通过筛孔的谷粒,由谷粒推运器和升运器进入粮箱。谷物联合收获机工作流程,如图 6 所示。

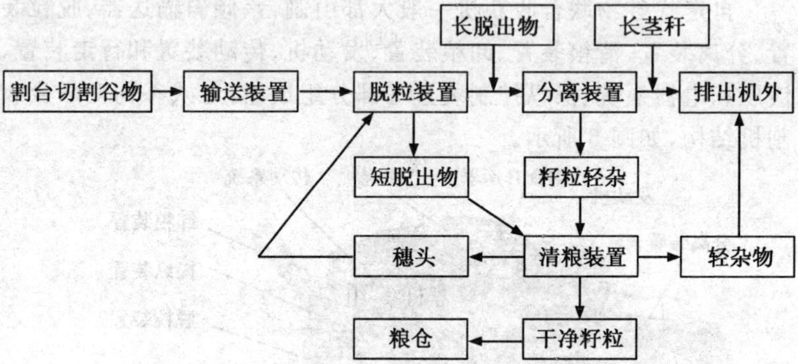

图 6　谷物联合收割机工作流程图

2.割台

割台部分的作用是将谷物割下,并推运到割台中部,由扒齿输送到倾斜输送器。割台部分由分禾器、拨禾轮、切割器、割台搅拢等部分组成。

图 7　割台

(1)分禾器

分禾器有左右两个,安装在割台两侧,工作时最先接触作物,将作物分开，以便于收割。

（2）拨禾轮

拨禾轮是切割辅助工作部件，用来将作物拢向切割器，以利于切割，并将割下的作物铺放和推向割台搅拢，多为偏心拨齿式。拨禾轮的转速及其前后、高低的位置可根据作物的生长情况调节，以获得最佳的拨禾效果，并防止打落谷粒和甩出穗秆。拨禾轮弹齿的倾斜角度也可根据作物的倒伏方向调节。

（3）切割器

谷物联合收割机多采用往复式切割器，一般由动刀片、定刀片、护刃器、压刃器、摩擦片、刀杆等组成，如图 8 所示。动刀片与定刀片相对做直线往复运动，其优点是结构简单、工作可靠、适应能力强、作业幅宽大，纵向尺寸小，目前绝大多数的联合收割机都是采用这种形式的切割器；其缺点是工作时惯性力较大，机器振动较大。

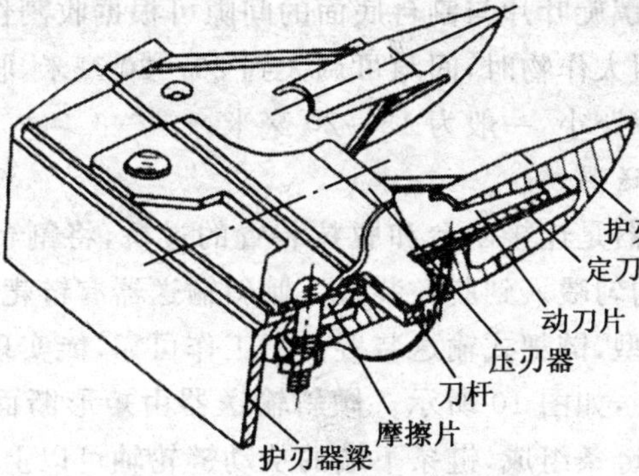

图 8　往复式切割器构造

（4）割台搅拢

割台搅拢由筒体、螺旋叶片和伸缩扒指组成，如图 9 所示。其作用是将割下的作物输送到割台中部，由搅拢伸缩扒指将作物喂入到倾斜输送器。割台搅拢端部有弹簧悬住，可上下浮动，以适应收割作物喂入量的变化,避免堵塞,确保喂入通畅。

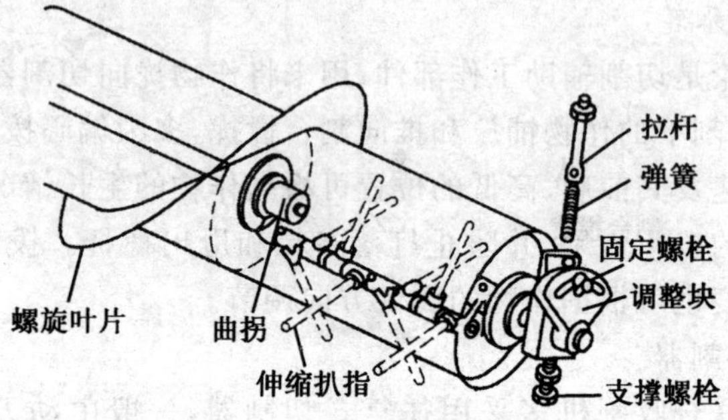

图 9　割台搅拢

搅拢内有偏心伸缩机构,通过伸缩扒指反搅拢横向输送来的作物纵向送入倾斜输送器的入口。扒指的伸出长度可通过端部调整块调整,一般伸缩扒指与割台底板间隙为 10 毫米左右。

割台搅拢螺旋叶片与割台底面的间隙可根据收割作物不同调整,收割厚密粗大作物时,间隙可调大到 20～30 毫米,收割稀矮作物时,可将间隙调小,一般为 15～20 毫米。

3. 倾斜输送器

倾斜输送器是连接割台和脱粒装置的过桥,将割台输送来的穗秆拉薄,并均匀喂入到脱粒装置。倾斜输送器有链耙式、带耙式和转轮式等类型,链耙式输送装置由于工作可靠,能实现连续均匀喂入,应用最广,如图 10 所示。倾斜输送器由矩形断面输送槽和带耙齿的环形链条组成,链条下端的从动链轮轴可以上下浮动,以适应喂入作物层厚度的变化,防止堵塞。动链轮处耙齿与壳体底板间隙应保持 10～20 毫米,链条松紧度应适当,以中部应能提起 20～30 毫米为宜。

4. 脱粒装置

脱粒装置用于对谷物进行脱粒,并尽可能使谷粒从稿草中分离出来,是联合收割机的重要工作部件,直接影响作业质量。脱粒

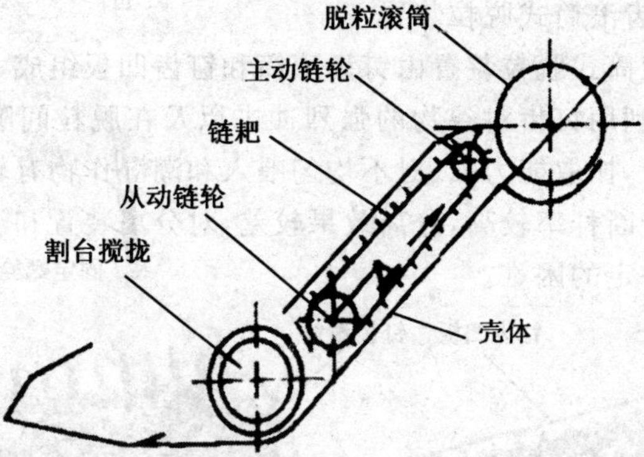

图 10 倾斜输送器

装置的形式有纹杆滚筒式、钉齿滚筒式和组合式等。

(1)纹杆滚筒式脱粒装置

纹杆滚筒式脱粒装置结构简单,通用性好,对较干作物有良好的脱粒质量,多用于大型联合收割机,主要由纹杆滚筒与栅格式凹板组成,如图 11 所示。工作时,在喂入口谷物受到高速运动纹杆的抓取和冲击作用,并将谷物拖进脱粒间隙。由于谷物层受到凹板的阻滞作用,纹杆在谷物层表面存在滑动,这样受到纹杆的多次冲击与搓擦。随着脱粒间隙的变小,谷物逐渐减薄,最后难脱的粒被脱下,并被抛出脱粒间隙。

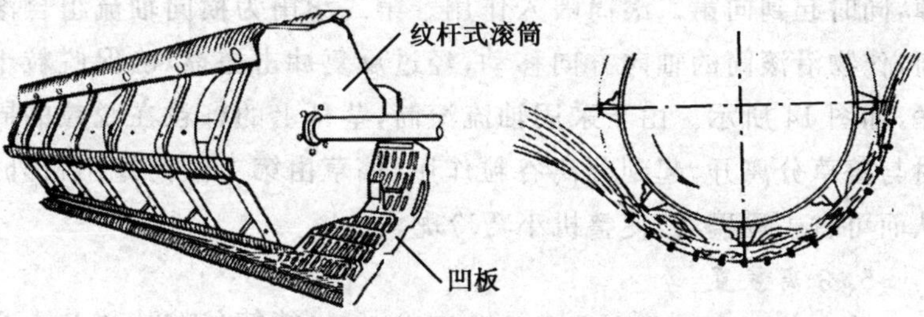

图 11 纹杆滚筒式脱粒装置

(2)钉齿滚筒式脱粒装置

钉齿滚筒式脱粒装置由钉齿滚筒和钉齿凹板组成,如图 12 所示,工作时利用钉齿对谷物的强烈冲击以及在脱粒间隙内的搓擦而进行脱粒,抓取能力强、对不均匀喂入和潮湿作物有较强的适应性。但由于断秆率较高,分离效果较差,对分离装置和清粮装置的工作造成一定的困难。

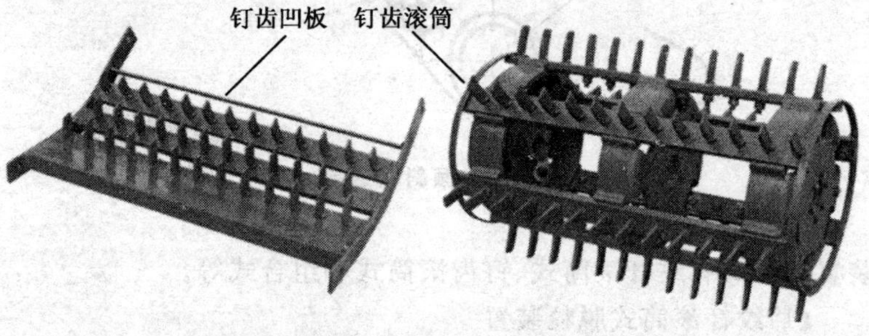

图 12　钉齿滚筒式脱粒装置

(3)双滚筒式脱粒装置

新疆-2、福田谷神系列、金亿春雨等机型都采用双滚筒式脱粒装置,如图 13 所示,第一滚筒一般为钉齿或板齿式切流滚筒,这种滚筒抓取作物能力强,便于作物均匀连续地喂入脱粒装置,脱粒效果好,故其转速可稍低一些,作物在此阶段将穗上的易脱籽粒脱掉,同时起到向第二滚筒喂入作用。第二滚筒为横向轴流组合滚筒,作物沿滚筒的轴向方向移动,经过反复冲击搓擦,确保脱粒干净,如图 14 所示。由于采用轴流滚筒,茎秆上的籽粒在脱粒的同时与稿草分离开,起到分离谷粒作用,稿草由第二滚筒抛出机外,从而可省去逐稿器,使整机小巧玲珑。

5. 分离装置

分离装置用以分离由脱粒装置送来的滚筒脱出物,将其中谷粒及断穗分离出来,并将长茎秆排出机外,多采用键式逐稿器,如

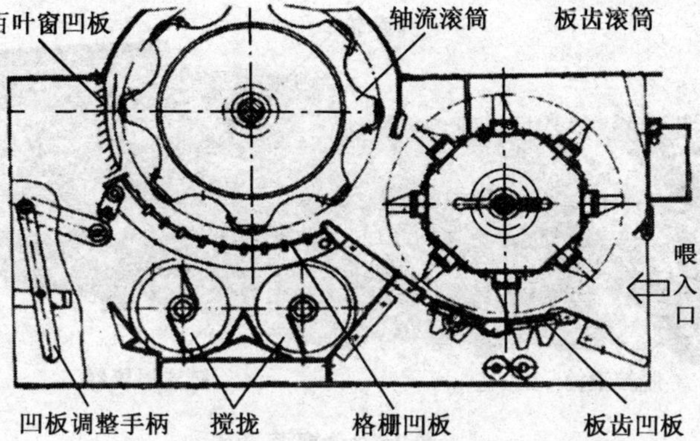

图 13　双滚筒式脱粒装置

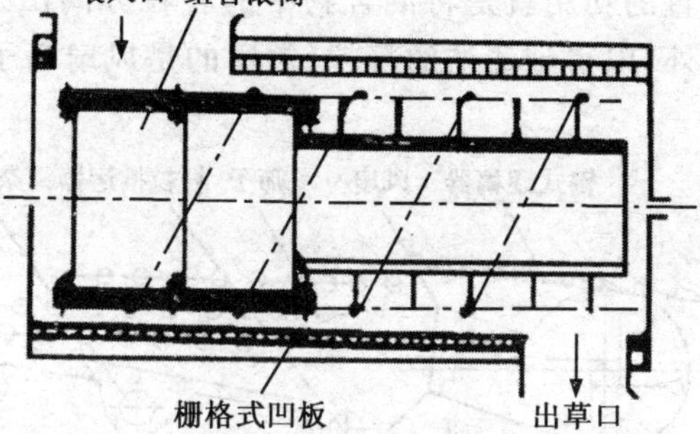

图 14　轴流组合滚筒

图 15 所示。逐稿器由 4～6 个纵向平行的键箱组成，各相邻键箱作上下前后交替运动，使脱粒后的茎秆层在梯级键面上被连续抛扔、交替跌落并同键面反复撞击，还被键箱两侧的叉齿叉松、振抖，从而使茎秆中夹带的谷粒穿过茎秆层和键面的筛孔，沿键箱底板流到阶梯抖动板上，茎秆则由键尾抛出机外。有些机型还装有拨秆式或旋转摆环拨指式辅助分离装置，以促使谷物从茎秆中分离出来。

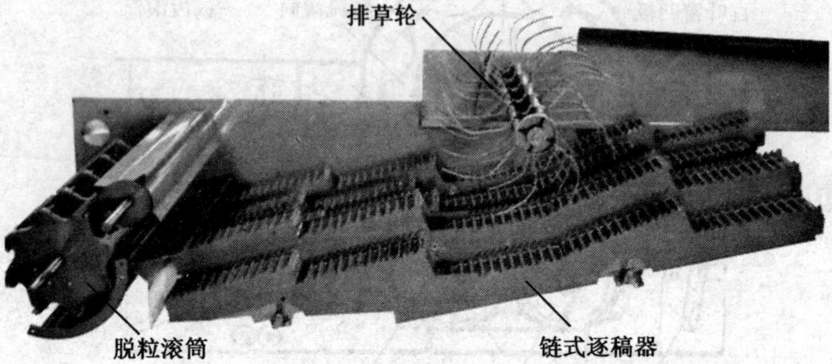

图 15 分离装置

6. 清粮装置

清粮装置的功用就是将混合物中的籽粒分离出来，将其他混杂物排出机外，以得到清洁的籽粒，常用的是风扇筛子式，如图 16 所示。

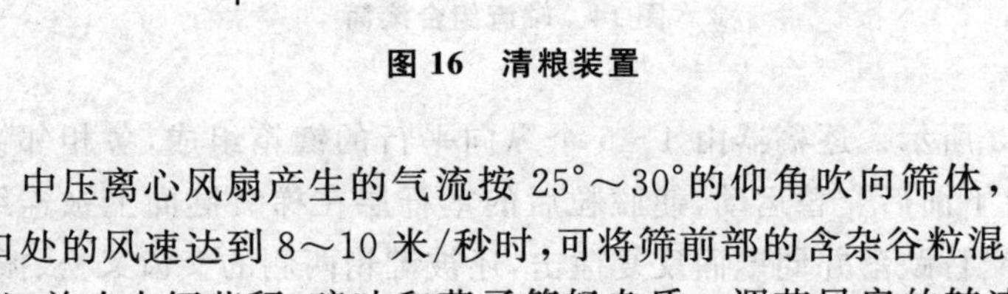

图 16 清粮装置

中压离心风扇产生的气流按 25°～30°的仰角吹向筛体，风扇出口处的风速达到 8～10 米/秒时，可将筛前部的含杂谷粒混合物吹松，并吹走短茎秆、碎叶和草子等轻杂质。调节风扇的转速、导风板方向和进风口的大小可获得适宜的风速、风量和风向。

双层清选筛的上筛称颖壳筛，多数采用鱼鳞筛，其筛孔较大，筛片倾角和孔的大小可调，有较大的透风能力。下筛称谷粒筛，采用圆孔筛、鱼眼筛或小孔鱼鳞筛，谷粒通过筛孔后沿筛箱底板滑入谷粒推运器，筛面的少量杂余则由筛尾排走。少数机型还装有中层筛。

(三)使用操作与维护

1. 作业前准备

联合收割机在作业前应准备好收割机具，了解作业作物成熟情况和地块位置、道路情况，做好充足的准备。

(1)收割机准备

联合收割机在收获前应按要求进行全面检修，做好各部分安装，检查、调整和润滑，使机器达到正常的工作状态。

①割台和脱谷部分各工作部门的安装，检查，调整。

②检查各转动部件的技术状态，轴承间隙、轴承的固定、转动是否灵活等。

③检查链条和皮带的挂接及松紧度调整。

④检查紧固螺栓的紧固情况。

⑤检查操纵机构的可靠性和灵活性，操纵准确可靠，灵活方便。

⑥检查各连接处的密封情况，以免工作时漏粮而造成损失。

⑦按润滑规定润滑各轴承、链条、切割器等部分。

⑧连接电瓶，检查电器各系统的工作情况。

⑨加足冷却水、燃油、润滑油、液压油等。

(2)田间准备

①在收获前10天左右进行田间调查，了解所收割作物生长情况，有无倒伏、倒伏程度，作物的密度、株高、成熟均匀性、估计产量等，尤其是作物的成熟度，直接影响收获质量。作物蜡熟期谷粒外表呈黄色，内部为蜡状物质，含水量20%～30%，完熟期谷粒呈黄色，含水量15%～17%，蜡熟期到完熟期间是最适宜的收获时期。

②在收获前一周应清除田间的障碍物，平渠、平埂，使其高度

不超过 10 厘米，不能清除的地段则要做出明显标志。

③制定切实可靠的作业时间计划，明确作业地块的先后顺序，减少转移地块造成的时间及油料消耗。

2. 收割机试运转

新机或保养后的联合收割机，必须进行试运转磨合。

(1)发动机空转试运转

发动机起动后，先以低速(600～800 转/分)空转 5 分钟，然后逐渐增到额定转速，空转 15 分钟。

发动机运转中，应仔细倾听有无异常声音，检查仪表的读数，查看有无漏油，漏水，漏气的地方。一般发动机在低速运转时，机油压力不低于 0.5 千克/厘米^2。额定转速时，不低于 1.5 千克/厘米^2。运转中若发现不正常的情况时，应立即停止发动机，查明原因，及时排除。

(2)收割机空转试运转

空转试运转指在静止状态下接合主离合器，让发动机带动工作装置空运转。试运转前应将脱粒间隙调至最大，打开各升运器下盖，用手转动前中间轴传动皮带轮，带动各工作部件转动。若各部装配调整正常，一个人即可转动。

试运转时，从低速，中速至额定转速，共运转 20 分钟。

试运转时应注意发动机工作情况，联合收割机各部件运转情况，传动情况，固定螺栓坚固情况，轴承发热情况等。发现问题，应立即停车，查明原因，及时排除。

(3)收割机行走试运转

行走试运转指驾驶收割机在一平整的路面空行驶，应由一速开始逐步提高挡位，按 1 挡、2 挡、3 挡、倒挡顺序依次行驶，分别左、右转弯，检查转向机构、制动器是否灵敏，离合器联锁机构是否可靠。

试运转中，定时地升降割台和拨禾轮，检查升降的及时性和准确性，检查行走离合器和制动器的工作情况，注意倾听行走部分有无异常声音，检查变速箱，驱动轮和液压系统有无漏油和过现象，发现异常声音和不正常现象，应立即停车，查明原因，及时排除。

(4)联合收割机负荷试运转——试割

试割应选择地面平坦，杂草少，生长一致，不倒伏的地块或捡拾已晒干的谷物条铺进行。

试割应从1挡开始，逐渐提高速度，逐渐增加负荷。每收割50～100米，停车检查作业质量调整工作部件一次，直至达到作业质量要求。试割过程中，经常注意观察，倾听、检查和调整各工作部件，发现问题，查明原因，及时排除，在确保联合收割机有良好的技术状态下，方可正式投入正常作业。

3.收割作业方法

(1)入区作业

收割机进入收割区前，接合动力，挂上前进工作档，加大油门使发动机达到额定转速，然后再放松离合器使收割机前进入区作业，作业中应始终保持大油门，不允许用减小油门的方法降低作业速度。

在收割过程中应注意“观、听、闻”。即随时观察前方有无障碍，观察割台作物喂入情况，观察割茬低，观察粮仓来粮情况，观察尾部出草情况；倾听发动机运转声音是否正常，倾听脱粒部分运转声音是否正常；闻有无传送带打滑、离合器打滑、电路短路、高温产生的异味。出现异常情况应立即停车检查处理。

(2)行走方法

收割机在作业时，可根据卸粮装置的位置选择左旋法或右旋法，以方便卸粮，作业行走方法常见有以下几种：

①四边收割法　对于长宽相差不多、面积较大的田块，开出割道后，可以采用四边收割法进行收割。当一行开到头时，略微抬起割台，待机器后轮中心线与未割作物平齐后，向左急转弯30°～40°，然后边倒车边向右转弯，将机组转过90°，当割台刚好对正割区后停车，挂上前进挡，放下割台，再继续收割，直到将作物收割

完毕。

②双边收割法　这是一种比较常用的作业方法，适用于长度比较长、宽度比较窄的狭长形田块。先用四边收割法沿田边外圈割出 3～4 圈后，自第 4 圈或第 5 圈起，只沿长度方向收割。机组从一侧割到头后，通过大转弯方式绕过已割出的田头至另一侧长度方向继续收割。用这种方法行走，机组虽然有田头空行程，但不用倒车，因而仍能发挥出较高的效率。

③梭形收割法　对于窄长地地块，割出地头后可采用梭形行走法从一侧连续收割。在具体作业时，操作手应根据地块实际情况灵活选用。总的原则是：一要卸粮方便、快捷；二要尽量减少收割机空行。

收割质量检查

1. 总损失　检查收获后田间 1 米^2 面积内，掉穗，漏割穗及掉粒，收集称重，根据亩产计算损失率。总损失率小麦不应大于 2%，水稻不大于 3%。

2. 籽粒破碎率　在粮仓随机取样品 100 克，检出破碎的子粒称重，一般不大于 2%。

3. 籽粒清洁度　检查粮仓内粮食的清洁程度。

4. 割茬高度　选几点测量，一般不超过 15 厘米。

(3)倒伏作物收割

收割倒伏作物时，如为横向收割，只要将割台高度拨禾轮高度适当降低即可；对纵向倒伏严重的作物，应采用逆向收割，将拨禾轮板齿调整到向前倾斜 15°～30°位置，降低拨禾轮并向后稍调位置。

4. 收割机调整

(1)拨禾轮调整

①拨禾轮高低的调整　在收割直立作物时，拨禾轮的弹齿或压板应作用在被割作物高度的 2/3 处为宜。收割高秆作物时，拨

禾轮的位置应高些；收割矮秆作物时，拨禾轮的位置应低此，但不能使拨禾轮碰到割刀或割台搅拢。

②拨禾轮前后的调整　拨禾轮与切割器、割台搅拢是相互配合工作的。拨禾轮往前调，拨禾作用增强，铺放作用减弱；往后调，作用相反。一般要求拨禾轮在不与割台搅拢相碰的条件下，使拨禾轮轴位于割刀的稍前方。当其调到最后位置时，要求拨禾轮弹齿与割台搅拢间距不小于20毫米。

③拨禾轮弹齿倾角的调整　当收获直立或轻微倒伏作物时，拨禾轮弹齿一般垂直向下或向前15°左右。当收割倒伏作物时，拨禾轮弹齿应向后倾斜15°～30°。

④拨禾轮转速的调整　拨禾轮转速一般用无级变速轮来调节。收割一般作物，拨禾轮圆周速度与机器的前进速度相当；收割植株高、密度大的作物，拨禾轮圆周速度应略小于机器的前进速度。收割低矮、稀疏的作物，拨禾轮的圆周速度应稍快于机器的前进速度。

(2)脱粒装置调整

影响脱粒分离质量的主要因素是滚筒转速、脱粒间隙等。不同种类的作物脱粒时，滚筒转速、脱粒间隙不同。一般要求是在脱净的前提下，尽量使脱粒间隙大些。在收获成熟度和潮湿度正常的麦类作物时，凹板入口处的间隙为15～25毫米，出口处的间隙为4～6毫米。在收获潮湿和难脱作物时，脱粒间隙应小些。在调整时，应使滚筒轴向脱粒间隙应保持一致。

(3)清粮装置调整

①送风量的调整　送风量的大小是否合适，要通过试割时的粮食的清洁度和颖糠中夹带籽粒的量来判断。若粮食的清洁度差，粮中有糠，说明风量小；在颖糠中有籽粒，则风量过大。一般收获籽粒大的作物，潮湿、杂草多、成熟度差的作物风量应大些；相反，送风量应小些。因此收获的早期，早晨和晚上的收割，要比收获的晚期和中午收割的风量应大些。

②鱼鳞筛开度调整　上下筛开度调整时，上筛开度应尽可能大些，下筛比上筛开度小一些。当作物潮湿、青杂草过多时，应将止筛全部打开；当作物干燥、籽粒较小时可适当减小，但不应小于全开度的1/2，以防没有脱净的穗头会从上筛后部的尾筛上跑掉。下筛的开度应比上筛开度小一些，如上筛片全开，则下筛可开1/3～2/3。筛片开度合适的标志是筛片无堆积、无跑出杂余。

③清粮筛角度调整　一般尾筛和下筛的倾斜角度可以调整，若杂余中混入大量籽粒，调整下筛开度和风量无效，应将下筛后部抬高，增大下筛倾斜角度；或籽粒清洁度差，而调整下筛开度和风量无效，应将下筛后部放低，减小下筛倾斜角度。

(4)割茬高度调整

割茬高有利于提高生产效率，减轻滚筒等工作部件的负荷，但不利于以后的翻耕。割茬过低，割刀容易"吃泥土"，使割刀损坏，同时使生产效率降低，滚筒等工作部件的负荷增加。全喂入联合收割机留茬高度一般在10～15厘米为宜。

(5)行走速度的调整

联合收割机作业速度的快慢直接影响生产效率和作业质量。行走速度选择的原则是在保证收获质量的前提下，争取最大的生产效率。对于产量高、成熟度差、秆长的作物可选用低速挡工作；反之，可适当提高作业速度。在收倒伏作物时，除尽可能减小割茬外，还要降低行走速度。

5. 安全作业规范

①收割机驾驶员必须有农机管理部门核发的驾驶证，收割机应确定专人负责，不允许非驾驶人员驾驶联合收割机。

②按规定起动发动机，起动前检查变速杆应在空挡位置，各传动离合器应处于分离位置。

③接合作业离合器、起步行走、转弯、倒车前，必须发出信号，观察机组附近状况，以确保机器和人身的安全。

④联合收割机工作时，不允许用触动机器的各工作部件，各种

调整和保养只有在停车切断传动后才可进行。

⑤联合收割机工作时，允许最大坡度为15°，上下坡时不允许换挡。在斜坡上停车时，要用刹车制动，并用定位器卡住刹车踏板。

⑥作业中应注意避开石头块、树桩、沟渠等障碍，以免造成收割机损坏。

⑦机器停车后，应将变速杆放空挡位置，切断作业离合器，在收割台未放到可靠支承物上之前，禁止到割台下方，以免割台下降压伤人。

⑧严禁在机组工作和未完全停止运转前清除杂草、检查保养和排除故障，必须在发动机熄火机组停止运行后检修。

⑨及时清理发动机和散热器护罩上的茎秆碎末，排除润滑油、液压油漏油现象，检查电器系统连线和绝缘情况，导线上不应沾有油污。

⑩不许在收获地块内加油吸烟，夜间禁止用明火照明，配备良好灭火器等防火器材。

⑪机组在地块转移或长距离空行及运输状态，必须将收获部分的动力切断。

⑫卸粮时，禁止人体进入粮箱，用脚或铁锹推送食。

⑬禁止用联合收割机拖带其他机器。

6.日常维护保养

(1)清理

①每天工作前彻底清除滚筒、凹板、抖动板、清选筛上的颖壳、麦芒等附着物。

②清理拨禾轮、切割器、喂入搅拢、皮带和链条各转动部位的缠绕和堵塞物。

③清理发动机冷却水箱散热器孔的麦糠、杂草等堵塞物，用具有一定压力的水冲洗或用毛刷清洗干净。

④清除空气滤清器内尘土，用压缩空气从内向外吹净空气

滤芯。

⑤清洁蓄电池，疏通塞盖上的通气孔，清除导线和极柱上的氧化物并检查各导线接头连接是否牢固紧密。

(2)检查调整

①切割器有无损坏，各紧固部位是否松动，动定刀片间隙是否正常。

②过桥链耙是否松动，张紧度是否适当，及时调整紧固。

③检查纹杆、凹板和滚筒轴承是否松动，及时调整和更换。

④三角带和链条的张紧度是否适宜，带轮、链轮是否松动。

⑤检查液压系统油箱的油位情况，油路各连接接头是否渗漏，连接固定是否松动。

⑥检查发动机水箱水位和燃油箱、油底壳油位，不足时添加。

⑦检查脱谷部分各密封橡胶板及各孔盖等处密封状态，是否有漏粮现象。

⑧检查轮胎气压和固定情况。

⑨检查转向和刹车机构的可靠性。

⑩检查驾驶室中各仪表、操纵机构是否正常。

(3)润滑

①按润滑表对所有轴承部位黄油嘴加注润滑脂，润滑脂加注一定要加足。

②对传动链条、切割器刀杆、拨禾轮偏心滑轮等部位涂刷润滑油。

③检查发动机油底壳油位、液压油箱油位，不足时添加。

7.收割机入库保管

联合收割机每季工作结束后，应很好保管，要保证机器的完整性，不丢失零件，要预防机件的变形、损坏、锈蚀等，以延长机器的使用寿命。

①停机前用大中油门使收获机空运转 5 分钟，排除机内杂物等。

②彻底清除联合收割机内、外的麦壳、泥污等。按使用说明书要求，润滑各润滑点。对摩擦金属表面，要涂油防锈。

③放松安全离合器弹簧和割台搅拢浮动弹簧等。取下全部传动带，擦去污物，涂上滑石粉，系上标签，悬挂存放。卸下链条，放在柴油或煤油中清洗，然后再放入机油中浸15～20分钟，装回原处或系上标签装箱保管。

④全面检查易损零部件，如割台搅拢、伸缩齿杆导管、动刀片、定刀片、摩擦片、滚筒、凹板筛、清选筛等，如有损坏应修复或更换损坏的零部件。

⑤将收割台放下，并放在垫木上。放松平衡弹簧。前后桥用千斤顶顶起，垫上木块。卸下蓄电池，进行检查和保管。

⑥停放联合收割机和零部件的库房，要注意通风、防火，并设有防火设施。保存期间，定期转动曲轴10圈，每月将液压分配阀在每一工作位置扳动15～20次，为防止油缸活塞工作表面锈蚀，应将活塞推至底部。

(四)常见故障排除

1. 割台部分故障排除

(1)割刀堵塞

故障原因：

①遇到石块、木棍、钢丝等障碍物。

②动刀片与定刀片间隙过大，不能切断茎秆，造成夹草过多引起堵塞。

③刀片损坏、护刃器变形或传动机构卡死，使割刀不能往复运动。

④在进入割区时没有加大油门，割刀往复速度过低不能把作物的茎秆割断，使割刀产生了阻塞。

排除方法：

遇到木棒、石头、钢丝等障碍物时应及时清除；检查切割器刀片，调整定刀片与动刀片之间的间隙，更换损坏的刀片或修理护刃器；在收割时必须将油门放在最大位置，并适当提高割茬高度。

(2)割台前部堆积谷物

故障原因：

①拨禾轮的位置不当。当拨禾轮太偏前或太高时，不能有效地将作物扶持住，也不能有效地将作物拨向割台搅拢，造成作物堆集。应把拨禾轮往后调，使拨禾轮尽量靠近割台搅拢，但注意拨禾轮不能与割台搅拢叶片相碰。

②作物太矮，生长高度未超过 40 厘米，产量又很低时容易产生堆积现象。作物太矮，切割后的作物茎秆太短，割台搅拢抓不住，需成堆积状态才可输送，被割作物太短也容易掉到地里，使收割损失率增大。

③割台搅拢与底板间隙太大，使搅拢叶片抓不住作物，造成堆积。

排除方法：

①应把拨禾轮往后调，使拨禾轮尽量靠近割台搅拢，但注意拨禾轮不能与割台搅拢叶片相碰。

②尽量降低割茬进行收割，并提高前进速度。

③把割台搅拢向下调，减少间隙。

(3)割台搅拢堵塞

故障原因：

①收割的作物太矮，当高度低于 40 厘米时，割下的短茎秆太多，使其堆积到一定量后才能喂入，造成作物的喂入不均衡而使搅拢堵塞。遇到此情况应降低割台，增加被切割后作物茎秆的长度，利于喂入。

②喂入量过大，收割机前进速度太快。当作物产量高(亩产 500 千克左右)，生长高度大于 100 厘米以上时，则切割与喂入变量都超过联合收割机的承受能力，使之输送不及时而造成割台搅拢堵塞。此时应降低机器的前进速度，如作物过长，产量过高时应

适当提高割茬,减少割幅。

③割台喂入口籽粒堆积过多,收割机长期工作后容易使喂入口集谷过多,如果不进行清理使作物的输送能力降低,造成割台搅拢堵塞。

④搅拢浮动不灵活,不能随喂入往返大小自动调整搅拢叶片与割台底板的间隙,当谷物喂入量不均衡情况下,产生搅拢堵塞。

排除方法:

根据故障原因调整收割高度、前进速度,及时清除割台喂入口堆积的谷物,经常维护调整割台搅拢。

2.脱粒清选系统故障排除

(1)滚筒堵塞

故障原因:

①脱粒滚筒在工作时未达到所需的功率和转速,造成脱粒不清和滚筒的堵塞。因此在收割作业中应保持大油门,同时注意作物的喂入量要均衡,时多时少极易造成堵塞,尤其在收割倒伏作物,应适当控制机车前进速度、割幅宽度、割台高度,使作物均匀地进入脱粒滚筒。

②脱粒滚筒传动皮带过松,易使脱粒滚筒转速降低,造成脱粒能力不足而堵塞。因此经常检查传动皮带张紧度。

③作物太湿或不够成熟。因此应选择成熟,干燥的作物先收割。

排除方法:

首先关闭发动机,清除阻塞茎秆,然后针对故障原因,检查皮带松紧度和滚筒转速,使皮带松紧和滚筒转速符合要求;降低前进速度或提高割茬或减少割幅,以减少喂入量;适当延迟收割或降低喂入量;将油门拉到位,使发动机达到标定转速。

(2)滚筒脱粒不净

故障原因:

①喂入量过大或喂入不均匀,使作物不能充分脱粒;

②作物未成熟、湿度大、作物品种难脱粒；

③齿杆或脱粒齿磨损，脱粒筒与凹板间隙过大，降低了脱粒效果；

④脱粒筒转速太低，造成脱粒筒打击力不足。

排除方法：

降低收割机前进速度或减少割幅；减小凹板出口间隙；提高滚筒转速；更换纹杆或钉齿，更换或修复凹板栅条。

(3)籽粒破碎率高

故障原因：

造成籽粒破碎率的主要原因有脱粒滚筒间隙过小、转速过高，或籽粒进入杂余推运器过多。

排除方法：

调大脱粒间隙；降低滚筒转速；适当减小风扇的进风量，开大筛子前段开度，以减少进入杂余搅拢的数量。

(4)清选损失偏多

故障原因：

①作物潮湿，或杂草较多。当谷物籽粒含水量超过设计规定时，则清选效果不好，特别是在夜间湿度大，或阴雨天，极易造成筛孔堵塞，清选不佳，产生谷物往机外抛洒的现象。

②筛片开度太小，籽粒不能及时落到筛下而被带出。

③风量太大，籽粒被吹出。

④此外喂入量过大、脱粒滚筒转速过低、脱粒筒与凹板间隙过大等因素也容易使排草夹带严重。

排除方法：

调大筛片开度，筛孔堵塞及时性清理；调整调风板开度，使风量适度；降低收割机前进速度；提高割茬，以减小喂入量；降低滚筒转速，减轻清选负荷。

三、玉米收获机械

在我国大部分地区，玉米收获时的籽粒含水率一般在 25%～35%，甚至更高，收获时不能直接收获籽粒，所以我国的玉米收获机械多为摘穗型，一次完成摘穗、果穗输送、剥皮、集箱、茎秆粉碎等多项作业。

(一)常见机型及选购

我国目前生产玉米联合收获机大体可分为三种类型：背负式玉米联合收获机、自走式玉米联合收获机和谷物联合收割机换装玉米割台。

1. 背负式玉米联合收获机

背负式玉米联合收获机挂结在轮式拖拉机上，如图 17 所示，利用拖拉机的动力进行收获作业，具有结构简单、价格便宜、机动灵活等优点，可提高拖拉机的利用率，目前应用较多。但是由于受到拖拉机配套功率的限制，作业效率较低。目前国内已开发有单行、二行、三行、四行等机型，分别与小四轮及大中型拖拉机配套使用，

图 17　背负式玉米联合收获机

其中二行和三行机型为市场主流，大多数采用摘穗辊式摘穗装置，主要有摘穗割台、升运器、集穗箱、秸秆切碎装置和悬挂架等组成。

背负式玉米收获机生产企业山东省、河北省、河南省居多，如山东国丰、山东大丰、山东玉丰、山东巨明等品牌，河北有农哈哈、双箭王等品牌，河南省的洛阳中收、郑州中联、郑州新三王等品牌。部分机型及参数见表6。

表6　背负式玉米联合收获机部分机型与主要参数

主要技术参数 \ 型号	国丰 4YW-2	中收 4YD-3	大丰王 4YW-4
收获行数	2	3	4
配套动力	≥50 马力拖拉机	≥70 马力拖拉机	85～90 马力拖拉机
外形尺寸(毫米)	6 000×1 800×2 600	7 760×2 160×3 730	6 600×2 600×3 340
工作效率(亩/小时)	3～8	5～8	8～12
行距(毫米)	400～1200	500～800	550～850
收获机质量(千克)		1 850	1 740
籽粒损失率	<1%	≤2%	
秸秆切碎合格率	98%	85%	
最小留茬高度		≤50 毫米	≤50 毫米

2. 自走式玉米联合收获机

自走式玉米联合收获机是带动力与行走装置，如图18所示，其特点是工作效率高，作业效果好，使用和保养方便，但其用途专一，投资高，利用率低。自走式玉米联合收获机国内目前主要有三行和四行机型，摘穗机构多为摘穗板——拉径辊——拨禾链组合结构，秸秆粉碎装置有青贮型和粉碎两种。

目前玉米收获机市场处于自由竞争阶段，市场上还没有出现一家强势企业市场份额达到10%以上，知名度较高的生产企业有北京亨运通机械有限公司的勇猛系列、约翰·迪尔(佳木斯)农业机械有限公司的约翰迪尔、福田雷沃国际重工股份有限公司的雷

图 18　自走式玉米联合收获机

沃谷神、山东金亿机械制造有限公司的春雨、中农博远农业装备有限公司的富路、洛阳中收机械装备有限公司的开拓者、藁城市收割机械有限责任公司的双箭王、新疆机械研究院股份有限公司的牧神等。部分机型及主要参数见表 7。

表 7　自走式玉米联合收获机部分机型及主要参数

型号 主要参数	雷沃谷神 4YZ-3	富路(中农博远)4YZ-3	北京勇猛 4YZ-4	中收 4YZ-4 (开拓者 4146)
收获行数	3	3	4	4
配套动力(千瓦)	66/73.5	83	118	107
外形尺寸(毫米)	6 600×2 600×3 400	6 400×2 150×3 450	9 300×2 950×3 700	8 430×3 000×3 790
工作效率(亩/小时)	5～12	5～12	8～18	8～12
摘穗机构型式	拉茎辊式	新型拉茎辊式	对刀拉茎式	拉茎辊式
行距(毫米)	550～800	400～800	650±30	650
收获机质量(千克)	5 600	4 850		8 240
总损失率	≤4			≤2
还田机形式	中置甩刀式	中置甩刀式	中置甩刀式	中置甩刀式
最小留茬高度(毫米)	≤100			≤80

3. 谷物联合收获机换装玉米割台

玉米割台又称玉米摘穗台，与谷物联合收获机配套作业，采用谷物联合收割机的行走及主要工作装置，通过加装及换装零部件的方法，使其直接收获玉米籽粒或玉米穗，这样既避免了传统玉米收获中的诸多不便，又拓宽了谷物联合收割机的使用功能，提高了收割机利用率，降低了使用成本，性价比高，价格在1万～2万元/台左右，为农民增收创造了条件。

福田雷沃的4YL-1J系列、4YL-3E、4YL-6JH全喂入玉米籽粒收获机，利用雷沃谷神4LZ-2.5、4LZ-7谷物联合收割机底盘，加装玉米割台和秸秆还田装置，实现收获玉米籽粒的功能，如图19所示。山东金亿春雨4YZ-3T型自走式玉米籽粒收获机是利用春雨4LZ-2A谷物联合收割机的行走及主要工作装置，通过加装及换装零部件的方法，使其具有玉米收获功能。山东时风4YZ-3、4YZ-4玉米联合收获机则是在金鹰系列稻麦联合收割机的基础上，通过更换、添加割台、粮仓、输送槽，就可收获玉米，达到一机多用。

图19　换装玉米割台的玉米籽粒收获机

4. 选购指南

玉米联合收获机已成为农民新的致富工具，在选购玉米联合收获机应注意以下事项。

(1)注意地区适应性

我国玉米种植范围广,由于各地作物品种和气候条件不同,以及农艺耕作上的差异,收获时的玉米茎秆和籽粒水分差别较大,对玉米收获机的功能要求各异。

①一年一茬种植区,收获时玉米已完全成熟,可考虑购买可换装玉米割台的小麦玉米兼收型收割机,机具利用率高,生产效益也较好。一年两茬种植区,收秋季节为及时抢种冬小麦,收获时玉米含水量较高,则宜选购摘穗型收获机。

②我国各地玉米种植行距千差万别,有些玉米收获机要求对行收获,购买这类机型一定要注意与当地种植行距相适应。而不对行玉米收获机适应各种不同的行距,不需要人工开辅助割道,可以从田间任意位置进入作业,作业效率高,非常适用于机手进行跨区机收,是用户的首选机型。虽然市场上多数玉米收获机企业承诺机器可不对行作业,但实际上对行收获作业质量最好,不仅明显提高工效,还可减少故障的发生。

(2)考虑投资收益问题

自走式玉米收获机机组庞大,多为3～5行,价格较高,投资回收期较长,但工作效率较高,适合集中连片的大地块作业;背负式机型多为2～4行,可利用现有的拖拉机,一次性投入较少,但作业效益略低,投资回收期一般在2年左右,作业的机动性和操作性都较好,从我国广大农村的种植地块、经济水平和玉米收获机技术水平等因素考虑,应该是目前的首选机型。

(3)考虑动力的配套性

由于玉米收获消耗动力较大,在选购背负式收获机时,配套的拖拉机动力一般应在37千瓦以上,所选机型大小与拖拉机动力要相配套。如37.4千瓦(50马力)拖拉机可与2行玉米收获机相匹配,44～59千瓦(60～80马力)的拖拉机可与3行玉米收获机相匹配,要避免"小马拉大车"或"大马拉小车"的现象。

(4)考虑秸秆处理方式

现有的玉米联合收获机都配有秸秆粉碎还田机，即在进行摘穗作业的同时，还将玉米秸秆粉碎后抛洒在地里，实现秸秆还田。如果当地畜牧养殖业的发展良好，玉米秸秆作为青贮饲料需求较大，可选择青贮型玉米收获机，在收获玉米果穗的时候，将粉碎的秸秆回收。

(5)考虑产品质量及售后服务

①在购机前，了解作业区机型使用情况、销售数量，最好找老用户咨询，了解用户满意率、产品投诉率、产品退货率、产品返修率，选择质量好的机型。

②选择零配件供应顺畅、技术服务好的产品。购机时，要认真考察销售、生产企业是否具备较好的三包服务能力，100 公里内是否有服务网点，能否及时供应零配件。一般来讲，在本地区使用较多的机型，零配件供应也比较充足，销售者的技术服务也较好。

③购买时，要与销售者一起当面验货并索要购机发票，以便发生质量纠纷时及时投诉。如果购买的玉米收获机出现质量问题，而生产企业和修理单位不按规定解决，可直接到农机安全监管部门投诉。

选购玉米收获机还应注意，应选择列入当地购机补贴目录的机型，及时申请购机补贴，享受国家优惠政策。

(二)基本结构与功能

自走式玉米联合收获机主要由摘穗割台、升运器、剥皮装置、果穗箱、秸秆粉碎装置、发动机、液压系统、传动系统、电器系统、操作系统等部分组成，如图 20 所示。

玉米联合收获机工作时，分禾器从根部将玉米茎秆扶正并引向拨禾链，将茎秆扶持并引向摘穗器。摘穗辊为纵向倾斜配置，每行有一对，相对向里侧回转。两辊在回转中将茎秆引向摘穗辊间隙之中，并不断向下方拉送，由于果穗直径较大通不过间隙而被

图 20　自走式玉米联合收获机基本结构

摘落。

摘掉的果穗由摘穗辊上方滑向第一升运器。果穗经升运器被运到上方并落入剥皮装置，若果穗中含有被拉断的茎秆，则由上方的除茎器排出。

剥皮装置由倾斜配置的若干对剥皮辊和压送器组成，每对剥皮辊相对向内侧回转，将果穗的苞叶撕开和咬住，从两辊间的缝隙中拉下，苞叶经输送螺旋推向机外一侧。苞叶中夹杂的少许已脱下的籽粒，在苞叶输送中从螺旋底壳（筛状）的孔漏下，经下方籽粒回收螺旋落入第二升运器，已剥去苞叶的果穗沿剥皮辊下滑入第二升运器与回收的籽粒一起被送到拖车。

经过摘穗辊碾压后的茎秆，其上部多已被撕碎或折断，基部有1米左右仍站立在田间。在机器后方设有横置的甩刀式切碎器，将茎秆切碎抛撒于田间。

1. 摘穗割台

摘穗割台是玉米联合收获机的关键部分，它的主要功能是将果穗摘下，并通过搅拢输送器将果穗推进升运器。割台位于收获机的前部，通过前悬架与拖拉机相连接，由液压油缸控制其升降，主要由机架、摘穗机构、搅拢输送器及其传动部分组成，外形如图21所示。

摘穗装置是摘穗机完成摘穗作业的核心装置，其功用是使果

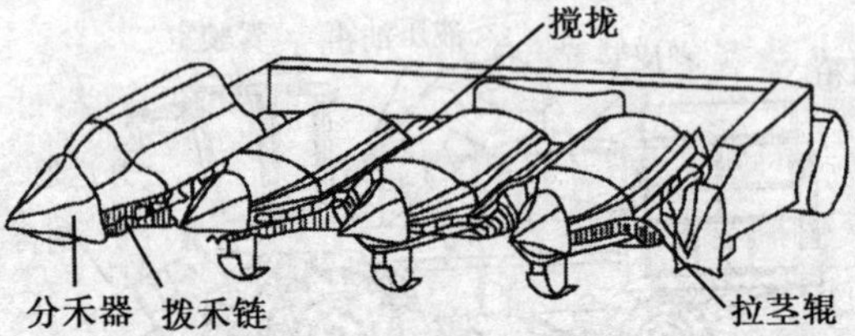

图 21　摘穗割台

穗和茎秆分离。玉米收获机摘穗装置有纵卧辊式摘穗装置、横卧辊式摘穗装置、立辊式摘穗装置、摘穗板式摘穗装置几种，我国产的玉米联合收获机多采用纵卧辊式和摘穗板式摘穗装置。

(1)纵卧辊式摘穗装置

纵卧辊式摘穗装置由一对相对转动的纵卧式摘穗圆辊组成，利用玉米茎秆与果穗大端直径的差异和果穗与穗柄连接处强度最弱的特性来摘取果穗，为提高摘辊抓取能力，将辊的表面制成带凸纹和凹槽的形状，对茎秆不同状态的适应好，工作可靠，功耗小，但果穗带有苞叶较多，如图 22 所示。背负式和小型自走式玉米联合收获机多采用纵卧辊式摘穗装置，可完成站秆收获、割前摘穗、果穗剥皮和摘穗后茎秆切碎还田作业。

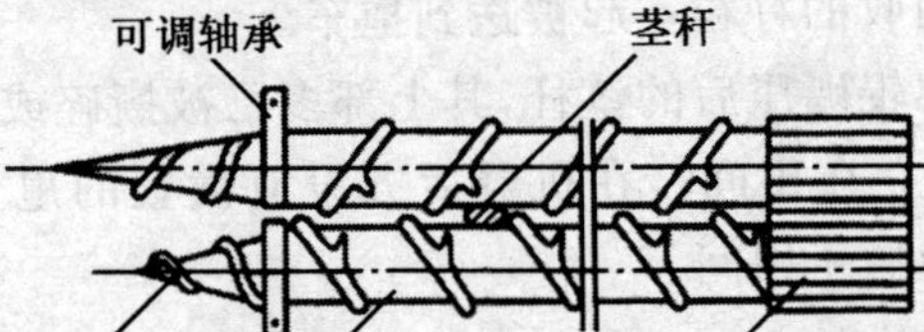

图 22　纵卧辊式摘穗装置

(2)摘穗板式摘穗装置

摘穗板式摘穗装置工作可靠，且籽粒咬伤破碎少，但玉米穗上的包叶很少被剥离，断秆较多。摘穗板式摘穗装置主要由一对拉茎辊、两个摘穗板和清除刀、拨禾链等部分组成，如图 23 所示。工作时动力通过传动装置带动两个拉茎辊相对转动，茎秆在两辊凸棱间没轴向移动时被向下拉动，由于果穗直径大于摘穗板间隙，在茎秆的拉力下被摘穗板摘落，然后被拨禾链上的拨禾爪拨向果穗搅拢。清除刀用于清除拉茎辊上缠绕的杂草茎叶，防止拉茎辊阻塞。

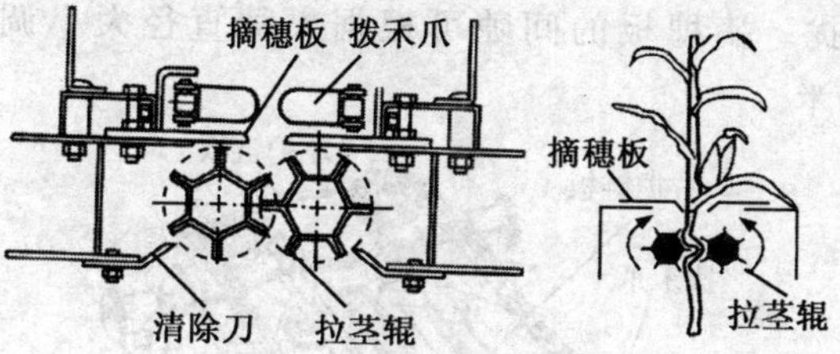

图 23　摘穗板式摘穗装置

①拉茎辊　拉茎辊一般由前后两段组成：前段为带螺纹的锥体，主要起引导和辅助喂入作用；后段为拉茎段，其断面形状有四叶轮形、四棱形、六条圆肋形、六条方肋形等。拉茎辊的间隙可在 20～30 毫米内调整。拉茎辊安装在割台横梁上齿轮箱前端，齿轮箱上面有链轮，用于安装拨禾链，如图 24 所示。

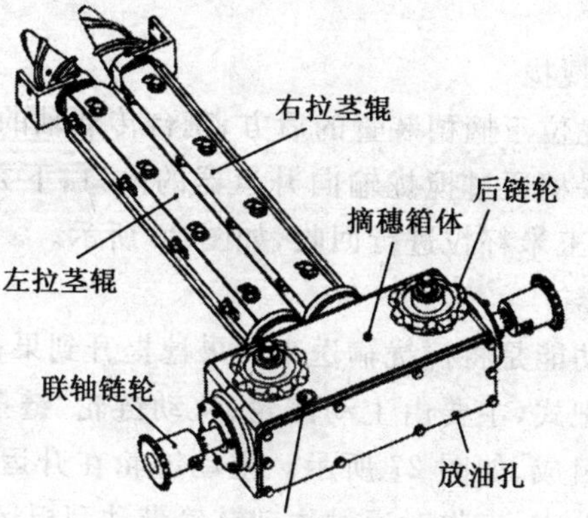

图 24　拉茎辊与齿轮箱

②摘穗板与拨禾链　摘穗板位于拉茎辊的上方，其工作长度与拉茎辊工作长度相同，为减少对果穗的挤伤，常将边缘制成圆弧形。拨禾链位于摘穗板的上方，安装有拨禾爪，如图 25 所示。玉米茎秆在拉茎辊的拉动下沿两摘穗板向后向下移动，玉米果穗被摘穗板托住而从茎秆上摘下，由拨禾链带动拨禾爪将果穗送入果穗输送搅拢。摘穗板的间隙可根据果穗直径大小调整，一般在 35～38 毫米。

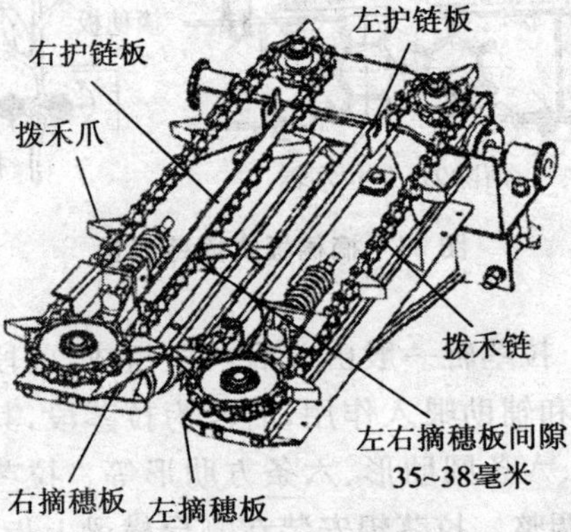

图 25　摘穗板与拨禾链

(3)果穗搅拢

果穗搅拢位于摘穗装置的后方，割台传动轴的前上方，由摘穗装置摘下的果穗通过搅拢输向升运器的入口，下方有籽粒回收搅拢，对掉下的玉米籽粒进行回收，如图 26 所示。

2. 升运器

升运器功能是将搅拢输送来的果穗提升到果穗箱内。升运器一般采用链耙式，主要由主动链轮、从动链轮、链条、升运器外壳、刮板等部分组成，如图 27 所示。主动链轮在升运器的前下方，从动链轮在后上方，工作时通过主动链轮带动刮板运动，将割台摘下的果穗输送到果穗箱，在适当的时候把果穗倾倒在适当的地方。

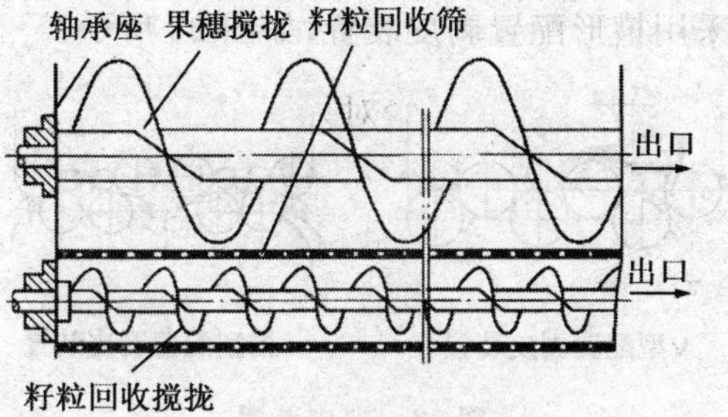

图 26　果穗搅拢

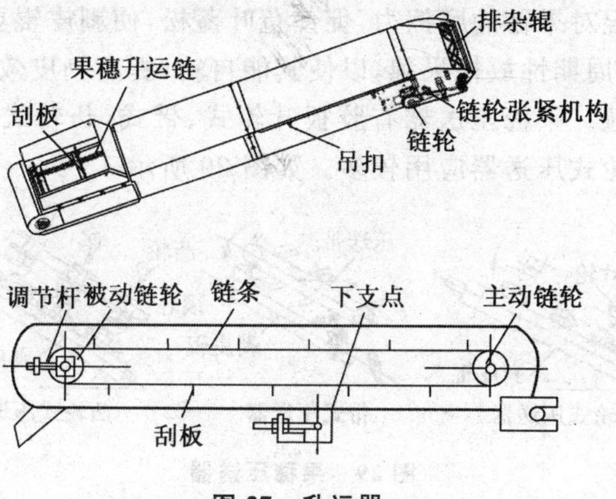

图 27　升运器

3. 剥皮装置

玉米剥皮装置用于剥除玉米果穗上的苞叶是收割作业中重要的一环，果穗剥除苞叶后便于干燥、储存和脱粒。玉米剥皮装置一般采用辊式，由一对或多对相对转动的铸铁辊和铸铁橡胶辊组成，当果穗靠自重或在压送装置作用下沿剥皮辊表面滑动时，由于不同材料的两个剥辊切向摩擦力不等，使果穗绕自身轴线旋转，苞叶被拉入两辊之间的缝隙，将苞叶剥下。剥皮辊的配置形式有 V 型和槽形两种，V 型配置剥皮装置主要用于玉米剥皮机上，玉米联合收获机多采用槽形配置剥皮装置，如图 28 所示。

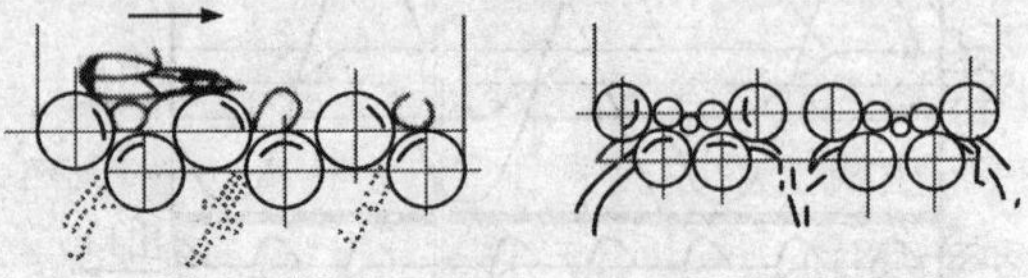

图 28　剥皮装置

在剥皮辊的上方设有果穗压送器，它把果穗压向剥皮辊，从而增大剥皮辊对果穗的摩擦力，促使苞叶蓬松，使剥皮辊更好地抓取苞叶，然后周期性放松果穗，以使其能自转，提高剥皮效果，减少果穗端部掉粒。果穗压送器有胶板叶轮式、带式、凸轮式等几种，目前胶板叶轮式压送器应用较多。如图 29 所示。

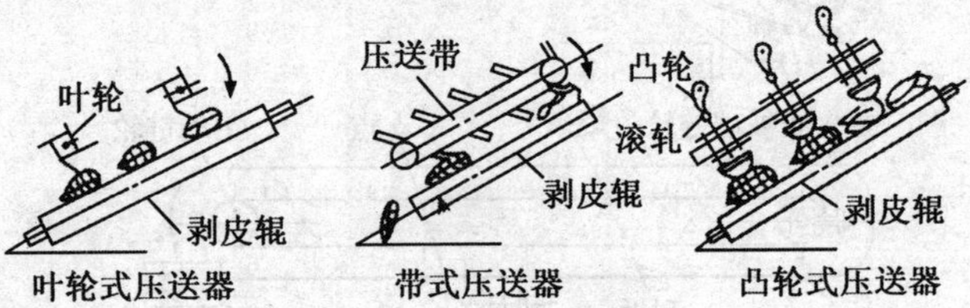

图 29　果穗压送器

4. 秸秆切碎装置

自走式玉米联合收获机的秸秆切碎装置有还田型和青贮型两种。

(1)还田型

还田型秸秆切碎装置为秸秆粉碎还田机，在收获果穗的同时将摘去果穗的玉米秆切碎后铺撒到田间，实现秸秆还田。秸秆粉碎还田机在玉米收获机上的配置有三种形式：

①收获机前部割台下方，多用于谷物联合收割机换装玉米割台。

②安装在前后轮之间底盘下方，多用于自走式玉米收获机。

③安装在后轮后部玉米收获机尾部下方，多用于背负式玉米收获机。

秸秆粉碎还田机工作部件是一个水平旋转的刀轴，利用安装在刀轴上的活动刀片（或锤爪），切碎、撞击秸秆，使其粉碎。秸秆粉碎还田机由悬挂架、传动箱、刀轴、刀片（或锤爪）、镇压轮等组成，如图 30 所示。

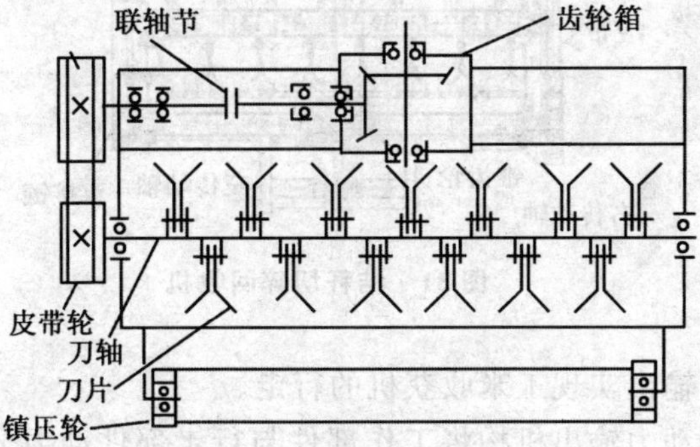

图 30　秸秆粉碎还田机

(2)青贮型

青贮型秸秆切碎装置为秸秆切碎回收机，在秸秆切碎刀轴的后端装有秸秆回收装置，包括收集搅拢、抛送叶轮、抛射筒等。工作时切碎刀将摘穗后的秸秆切碎后，碎茎秆经收集搅拢输送到一侧的抛送叶轮处，经抛射筒将其抛入接料车仓中，如图 31 所示。

5. 动力部分

玉米收获机的动力部分包括发动机、主离合器等部分。发动机是玉米收获机的动力源，玉米收获机所有机构的运动、运行均由发动机提供动力。发动机力的输出分为单向动力输出和双向动力输出，自走式玉米联合收获机大都采用双向动力输出，即发动机主离合器带动入槽皮带轮工作，实现割台、升运器、粉碎机的工作；发

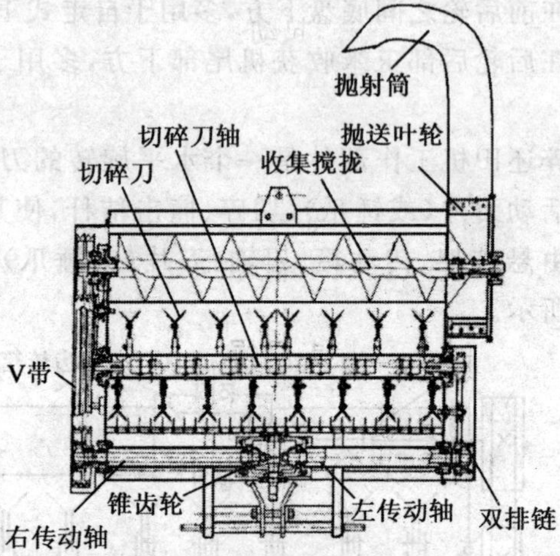

图 31　秸秆切碎回收机

动机后端输出实现玉米收获机的行走。

双向动力输出机构将工作部件与行走部件动力分开，方便机具操作，使机具传动结构简单，当主离合器出现大的故障停止工作时，机组仍能正常行走，进行异地维修。

6. 底盘部分

底盘部分包括驱动桥总成、转向桥总成、行走变速箱、机架等。底盘部分是整个玉米收获机的载体，它将玉米收获机上的所有机构联为一体，并承载所有机构共同行走，实现机具的行进变速、转向。

7. 液压系统

液压系统包括液压泵、转向器、单稳阀、多路阀、液压缸、液压油箱、液压管路等。液压系统的作用是保证玉米收获机进行转向、割台升降、主离合器的结合与分离、行走无级变速、秸秆粉碎还田机的升降、粮仓的翻转及复位等动作的完成。

8. 电器系统

电器系统包括：电源系统、起动系统、灯光系统、信号装置、仪表系统、线束等部分。电器系统完成玉米收获机的启动、照明、转向等工作。

9. 驾驶操纵装置

驾驶操纵装置包括：转向盘、液压操纵手柄、变速手柄、制动系统、灯光信号开关等，用以完成对玉米联合收获机的驾驶控制。

(三)玉米联合收获机使用操作

1. 作业前田间准备

①收获前 10～15 天，应了解玉米的倒伏程度、种植密度和行距、最低结穗高度、地块的大小和长短等情况，做好田间调查，制定好作业计划。

②提前 3～5 天，将农田中的渠沟、大垄沟填平，并将水井、电杆拉线等不明显障碍物安装标志，以利安全作业。

③在收获前可把作业区分成几个区域，确定收获作业的最合适路线。

2. 收获作业操作要点

①机器进入作业区域前，应先接合动力试运转，检查无异常时使发动机转速稳定在正常工作转速，方可开始作业。

②先用低 1 挡试收割，方法是：降落割台到合适位置，调节液压手柄控制秸秆还田机降到合适高度，挂上 1 挡，加大油门到额定转速，放松离合器使机器前进，仔细观察玉米收获机各部分工作情况，根据留茬高低调整秸秆还田机位置。试收一段距离后停车检查调整作业质量。试收时应先开出车道，并割出地头，便于卸粮车通过及机组转弯。

③试收正常后，可适当提高一个挡位作业。作业一段时间后，再次停机检查收获质量，观察各部位调整是否适当。

若收割行走速度过快，对玉米茎秆产生很大的惯性力，会使玉米茎秆被拉断，造成断茎率过高。同时造成秸秆粉碎装置负荷增大，切碎的茎秆过长。

④驾驶员应灵活操作液压手柄，使割台和秸秆切碎装置适应地形要求，避开土埂、树桩等障碍物，以避免切碎器刀片打土，扶禾器、摘穗辊碰撞硬物，防止对玉米收获机造成损坏。

⑤机组工作到地头时，不要立即减小油门，应继续保持作业部件工作运转，以使秸秆被完全粉碎等。

⑥发动机冷却水温度过高时，应停车清洗散热器，并及时补充冷却水，但不要立即打开水箱盖，以免烫伤人员，应冷却一段时间或采取保护措施后，再打开水箱盖，补充冷却水。

3. 使用调整

(1)拉茎辊间隙、清除刀间隙的调整

调整原则：拉茎辊调整以能在拉茎辊中前部将玉米穗摘下为宜，同时保证将果穗以上的茎秆也拉到辊的下方，防止断茎秆。一般控制在让两拉茎辊相邻两棱在其总长 1/2 偏前部处立体交叉为宜。调整时要使两拉茎辊同时等距离靠近或远离，以保证拉茎辊对称中心不偏斜。

特别注意

为防止拉茎辊与清除刀的碰撞造成损坏，调整拉茎辊间隙前，应使清除刀让开拉茎辊位置。

①如果割台拉茎辊处断茎秆过多，且有果穗自割台摘穗板向下掉落，则可能是拉茎辊间隙过小，此时应适当增大拉茎辊之间的距离，使间隙增大。

②如果果穗大部分要到摘穗板中后方才能摘下，并在后部出现带穗秸秆集堵现象，或有大量未被摘穗的断秸秆现象，则表明拉

茎辊间隙过大，此时应适当缩短两辊间的距离，使距离变小。

特别强调：拉茎辊间隙调整时务必注意避免拉茎辊与清除刀碰撞，并将清除刀间隙做相应的调整，保证清除刀间隙在前后方向上一致，以能保证拉茎辊上不缠杂草及茎叶为宜，切实发挥清除刀的工作性能。

(2)摘穗板间隙的调整

调整原则：摘穗板间隙的调整以入口处不堵秸秆、不卡穗、拉茎辊不啃穗、拨禾链能正常拨动秸秆和果穗，并顺利向后输送为宜。

作业时，应首先调查所收果穗的粗细情况，选择中等粗细的果穗，测量其中间部位的直径。摘穗板后部的间隙应比这个数值小3～6毫米，前部间隙应比后部小3毫米。

①前部间隙及后部间隙过大，果穗顺间隙处平躺或站立，拉茎辊棱能接触到果穗时，均能造成啃穗断穗现象，此时减小间隙。

②摘穗板入口处茎秆拥堵，摘穗板上方出现大量茎秆及碎叶时，表明此时间隙过小，应适当调大。

(3)拨禾链的张紧调整

收获机工作一段时间后，链条与链轮配合间隙变小，链条伸长，会使链条传动变松。当发生链条与链齿配合发卡，或跳链、积链等现象时，就需要张紧拨禾链。

松开前张紧板固定螺栓，将张紧板向前移动，使张紧板上的两条链条张紧一致，拧紧固定螺栓即可。

如果链条张紧适度仍发生卡链，跳链等不正常传动现象，则表明链轮齿形磨损、变形严重或链条链节变形过度，此时更换相应件，否则会因链条的不正常传动，引起摘穗机构上其他传动件的损坏，造成更大的损失。

(4)割台安全离合器的调整

割台安全离合器的作用是：当摘穗机构发生堵塞时，引起工作阻力增大，当超过安全离合器摩擦片的摩擦力时，则摩擦片打滑，使摘穗机构停止工作，从而保护摘穗机构传动部件不受损坏。

> 当安全离合器压紧弹簧变形或松动时，会造成离合器打滑，不能传递动力，从而使割台拨禾链、拉茎辊、输送搅拢不能正常工作。

当割台安全离合器的压簧弹力减小时，正常工作时也可出现摩擦片打滑现象，此时应拧紧螺母调大压簧压力或更换压簧。如果摘穗机构经常堵塞，而摩擦片不发生打滑，则说明压簧压力调整过大，离合器难以起到过载保护作用，应适当放松压簧螺母调低压簧压力。

(5)留茬高度的调整

秸秆粉碎还田机工作时，应保证甩刀刀片与地面有一定的距离，即留茬高度。留茬可避免甩刀打土引起刀片过度损坏，当地面有杂物(砖瓦石块等硬物)存在时，留茬还可以避免甩刀刀刃崩裂。

调整秸秆粉碎还田机的作业高度，一般根茬高度为 8 厘米左右即可，调得太低刀具易打土，导致刀具磨损过快，动力消耗大，机具寿命低。

(6)剥皮装置调整

剥皮装置在使用中需调整剥辊贴紧程度，每对剥辊应有适度的贴紧力，整个长度上的贴紧力应一致，若入口端有间隙剥皮效果下降，若出口端有间隙，则会造成堵塞。剥辊间压紧力一般是通过调节螺母来调整的，每对剥辊间压力不可太大，否则会使胶辊磨损过快。

> 剥皮辊必须在全长范围内接触良好，相互间保持一定压力，若压力过小，剥皮辊对果穗的撕拉作用变小，剥皮能力下降，易造成堵塞。

4.安全作业规范

①驾驶人员必须具有农机管理部门核发的驾驶证，经过玉米收获机操作的学习和培训，并具有田间作业的经验。

②玉米联合收获机启动前必须将变速手柄及动力输出手柄置于空挡位置。

③严格禁止非工作人员在生产作业区域停留。机组起步、接合动力、转弯、倒车时，要先鸣笛，观察机组附近状况，要提前警示辅助人员和非工作人员撤离到非作业区域。

④作业中应注意避开石头块、树桩、沟渠等障碍，以免造成机组故障。

⑤工作中驾驶人员应随时观察、倾听机组各部位的运行情况，如发现异常，立即停车排除故障。

⑥保持各部位防护罩完好、有效，严禁拆卸护罩。

⑦严禁机组在工作和未完全停止运转前清除杂草、检查、保养、排除故障等，必须在发动机熄火机组停止运行后进行检修。

⑧检修摘穗辊、拨禾链、切碎器、开式齿轮、链轮和链条等传动和运动部位的故障时，严禁转动传动机构。

⑨机组在转向、地块转移或长距离空行及运输状态，必须将收获机切断动力。

(四)玉米联合收获机维护保养

1.日常保养

①每日工作前应清理玉米联合收获机各位残存的尘土、茎叶及其他附着物。

②检查各组成部分连接情况，必要时加以紧固。特别检查粉碎装置的刀片、输送器的刮板和板条的紧固，注意轮子对轮毂的固定。

③检查三角带、传动链条、喂入和输送链的紧张程度。

④检查减速箱、封闭式齿轮传动箱润滑油是否有泄漏和不足。

⑤检查液压系统液压油是否有泄漏和不足。

⑥及时清理发动机水箱、除尘罩和空气滤清器。

⑦发动机按其说明书进行技术保养。

2. 三角传动皮带维护保养

①使用中必须经常保持皮带的正常紧张度，皮带过松或过紧都会缩短使用寿命。皮带过松会产生打滑，使工作机构失去效能；皮带过紧会使轴承过度磨损，增加功率消耗，甚至将轴拉弯。

②防止三角皮带沾油。

③必须防止皮带机械损伤。挂上或卸下皮带时，必须将张紧轮松开，如新皮带不好上时，应卸下一个皮带轮，套上皮带后再把轮装上，同一回路的带轮轮槽应在同一回转平面上。

④同一回路用 2 条或 3 条皮带时，其长度应该一致。

3. 传动链条维护保养

①经常检查同一回路中的链轮应在同一回转面上，链条应保持适当的紧度，太紧易磨损，太松时则链条跳动大。

②调节链条紧度时，把改锥插在链条的滚子之间向链的运动方向掰动，如链条的紧度合适，应该将链条转过 20°～30°。

③链条应按时润滑，润滑油必须教导销轴与套筒的配合面上。平时润滑保养时，可用刷子在链条上刷油润滑，但要注意勿使机油粘到橡胶机件上。

④链条定期（工作 50 个小时左右）润滑保养方法是：将链条拆卸下来，用没有清洗晾干后放入机油中搅热浸煮 20～30 分钟。冷却后取出链条沥干多余的油，把表面擦干净即可装回链轮上。如不加热浸煮则将链条放入机油内浸泡一夜也可。

⑤链条如果在作业中经常出现爬到链轮齿顶上，或者经常出现跳齿现象，说明链条、链轮节距磨损严重，不能继续使用，应更换新的链条和链轮。

⑥链齿轮磨损后也可翻转过来使用，但必须保证传动面的安装精度。新旧链接不能在同一链条中混用，磨损严重的链轮不可配用新链条。

4.液压系统维护保养

①检查液压油箱内的油面时，应将收割台放到最低位置，如液压油不足时，应予补充。

②新玉米联合收获机工作 30 小时后应更换液压油箱里的液压油，以后每年更换 1 次。

③加油时应将油箱加油孔周围擦干净，拆下并清洗滤清器，将新油慢慢通过滤清器倒入。

④液压油倒入油箱前应沉淀，保证液压油干净，不允许含有水、砂、铁屑、灰土或其他杂质。

5.入库前维护保养

(1)清洁

①清理表面杂物　清理割台处、升运器处、发动机表面、行走变速箱、左右护罩内外的积叶、积草、尘土等杂物，保持机具表面整洁。

②清理表面油污　清理液压油箱、燃油箱、发动机表面、输油管路、液压阀、缸等表面的油污，并检查是否有滴漏现象，及时修复，保证液压系统完整可靠。

③清理粘泥　清理粉碎机壳内部的粘泥，保证壳体内腔干净；清理轮胎上的泥污，保证轮胎表面干净；倒转粮仓，将仓内杂物及泥污清理干净后恢复常位。

④清理锈蚀　用钢丝刷或纱布将割台搅拢或其他薄铁皮件表面的锈蚀清理干净，涂上防锈漆，有条件的可再涂一层面漆。

(2)放松

①将所有传动链条摘下后用汽油等溶剂将油污清洗干净，并

用机油浸泡，然后按原来位置装配好，但不再将其张紧至工作状态，使链条保持松弛状态。

②将所有传动皮带摘下后用水清洗干净后阴凉处晾干，然后按原来位置装配好，但不再将其张紧至工作状态，使皮带保持松弛状态。

③将驱动轮胎气压放至大气压，然后用坚固的木块可靠将前桥支起，使轮胎支离地面，呈放松状态。

④所有液压缸均收缩至最短行程，保证缸内不受液压力。

⑤放下割台安全卡，将割台支撑牢固，调整割台支座，使割台稳固着地，并保持左右高低一致。

⑥取下蓄电池，并摘下正负极电缆线。

⑦为防止冬季水箱及发动机机体冻裂，长期不用收获机时，务必将水箱冷却水放干净。

⑧将柴油箱柴油放干净，以防止火灾。

(3)润滑

①按润滑表对所有轴承部位黄油嘴加注润滑脂，润滑脂一定要加足。

②对磨损造成金属裸露的部位涂上润滑脂以防锈。

(五)常见故障排除

玉米联合收获机的收获作业是一个比较复杂的工作过程，收获效率的高低，不仅受驾驶技术的限制，还与农作物长势、品种及种植模式有密切关系。驾驶不当，使用调整不当、作物生长状态过差(倒伏、易断、过细、过密、果穗下垂严重等)，地势过于起伏、种植地块过短过窄等因素都可能引起收获质量下降、收获效率降低，甚至引起机具故障。玉米联合收获机常见故障及排除方法见表8。

表 8　玉米联合收获机常见故障及排除方法

割台部分常见故障及排除方法

序号	故障现象	原因分析	排除方法
1	摘穗板间杂叶、断茎秆堵塞	1. 摘穗板间隙过小 2. 摘穗板进口间隙大于或等于尾部间隙 3. 拉茎辊棱沿锋利 4. 拉茎辊间隙小，前部断茎秆多 5. 拉茎辊间隙过大，后部断茎多 6. 两拉茎辊棱凹未均匀咬合	1. 加大间隙 2. 进口比尾部间隙小于 3 毫米 3. 倒圆棱沿 4. 调大间隙 5. 调小间隙 6. 调整到均匀咬合
2	拨禾链跳链或掉链	1. 链条松 2. 链条变形 3. 链条伸长变形超差 4. 链轮过度磨损、掉齿 5. 链接头丢失 6. 链条断裂 7. 链轮轴变形 8. 轴承损坏	1. 张紧 2. 调整或更换 3. 更换 4. 更换 5. 补齐 6. 更换或换新链节 7. 调正或更换 8. 换新
3	拉茎辊缠草	1. 剔除间隙过大 2. 剔刀崩刃、变形、钝化 3. 剔刀丢失	1. 调小间隙 2. 更换、调正 3. 补充
4	摘穗机构不转动	1. 割台离合器打滑 2. 分动箱连轴器连接链条丢失 3. 传动链条丢失 4. 传动轴滚键	1. 调紧弹簧、处理堵塞 2. 补齐 3. 补齐 4. 补键、换轴
5	拨禾链传动噪声大	1. 张紧过紧 2. 有磕碰物 3. 链轮传动回路超差 4. 链条、链轮有损坏 5. 轴承损坏	1. 松弛 2. 调整、排除磕碰物 3. 调整回路 4. 更换、调整 5. 更换
6	果穗不向中间输送	1. 搅拢回转方向不正确 2. 搅拢与底壳间隙过大 3. 搅拢叶片变形严重	1. 调整传动链条 2. 调小间隙 3. 调整
7	果穗向升运器拨送不顺畅	1. 输送刮板变形严重、回转直径过小 2. 刮板丢失、损坏	1. 调整、保证输送高度 2. 补齐、更换

续表 8

升运器常见故障及排除方法

序号	故障现象	原因分析	排除方法
1	排茎辊链条断裂	1.断茎秆多引起排茎辊堵塞 2.排茎辊间积异物 3.排茎辊齿板变形引起顶齿 4.排茎辊装配时两辊齿板相顶 5.有断穗积在辊间	1.排除断茎秆 2.清理异物 3.调整变形 4.重新装配使两辊棱均布交错 5.清理断穗
2	刮板链条扭曲变形或跳链	1.两链条张紧不一致 2.链条过松 3.从动轴轴承锁紧套未锁紧	1.调整张紧 2.张紧 3.锁紧
3	刮板变形	升运器槽内有果穗或断茎秆堵塞	清理堵塞物
4	刮板丢失	固定螺栓脱落	补齐

主离合器常见故障及排除方法

序号	故障现象	原因分析	排除方法
1	离合器结合不上（或打滑）	1.摩擦片过度磨损或断裂 2.离合器间隙调整过大 3.分离爪磨损严重 4.销轴与孔间隙过大 5.销轴脱落 6.分离轴承损坏 7.离合器轴固定螺母松动 8.分离轴承与轴卡死 9.摩擦片粘油污	1.更换新片 2.调整至1.5～2.5毫米 3.成组更换 4.更换变形磨损零部件 5.补齐 6.换新 7.紧固螺母并用锁片锁牢 8.维修或更换 9.换新片
2	离合器分离不开或不彻底	1.离合器离合间隙过小 2.分离轴承损坏 3.分离爪磨损严重 4.销轴与孔间隙过大 5.销轴脱落 6 分离轴承与轴卡死	1.调整至1.5～2毫米 1.换新 3.成组更换 4.更换变形磨损零部件 5.补齐 6.维修或更换
3	皮带轮跳动严重	1.飞轮轴承损坏 2.轴与孔花键配合间隙太大 3.皮带轮未动平衡或动平衡质量差	1.换新 2.换新或修复 3.按要求动平衡

续表 8

序号	故障现象	原因分析	排除方法
4	皮带打滑	1. 皮带磨损严重 2. 皮带松 3. 皮带轮槽过宽	1. 换新 2. 张紧 3. 换皮带轮

秸秆粉碎还田机常见故障及排除方法

序号	故障现象	原因分析	排除方法
1	切碎质量差	1. 皮带打滑转速低 2. 动刀严重磨损 3. 粉碎机壳体内壁粘泥过多 4. 主离合器打滑 5. 粉碎机打土严重	1. 张紧三联带或换新 2. 更换 3. 清理粘泥 4. 检修主离合器 5. 调高留茬高度
2	动刀轴总成震动	1. 丢失甩刀、甩刀座 2. 刀轴变形 3. 动刀轴承损坏	1. 补齐 2. 换新轴 3. 换新
3	齿轮箱冒油	1. 油质差 2. 油量多 3. 透气孔堵塞	1. 换合格油 2. 放油 3. 换新或修复
4	轴承温度过高	1. 轴承损坏 2. 轴承质量不合格 3. 两侧轴承不同心	1. 换新 2. 换合格件 3. 修复或更换有关件

液压系统常见故障及排除方法

序号	故障现象	原因分析	排除方法
1	所有油缸均不能工作	1. 无液压油 2. 液压箱出油胶管堵塞或打折 3. 油位低 4. 进油阀安全阀调定压力过低 5. 进油阀孔堵死	1. 加油至不少于 1/3 箱 2. 疏理胶管使油路通畅 3. 加油至不少于 1/3 箱 4. 调高压力 5. 清理阀芯
2	割台或秸秆粉碎机升起缓慢	1. 进油阀安全阀调定压力低 2. 阀芯磨损 3. 油缸密封圈损坏 4. 油路中有空气	1. 调高压力 2. 更换阀芯 3. 更换密封圈 4. 拧开管接头排气
3	割台、秸秆粉碎机自降	1. 油缸密封圈损坏 2. 阀芯磨损 3. 安全阀锥面有异物	1. 更换 2. 更换 3. 清理

续表 8

序号	故障现象	原因分析	排除方法
4	换向阀不自动复位或中位时不定位	1.复位弹簧失效 2.定位弹簧失效 3.定位套磨损 4.阀芯卡死	1.更换 2.更换 3.更换 4.修复或更换

四、薯类收获机械

薯类收获机械指用于挖收马铃薯、甘薯、胡萝卜和洋葱等根块类作物的机械，我国应用最多的是用于收获马铃薯，所以一般称为马铃薯收获机。

马铃薯收获机分为马铃薯挖掘机和马铃薯联合收割机。马铃薯挖掘机可完成挖掘和初步分离，然后用人工捡拾。马铃薯联合收获机可同时完成挖掘、分离、输送装车等工序。

(一)马铃薯挖掘机

马铃薯挖掘机可完成马铃薯的挖掘和初步分离，在我国农村应用广泛，如图 32 所示。

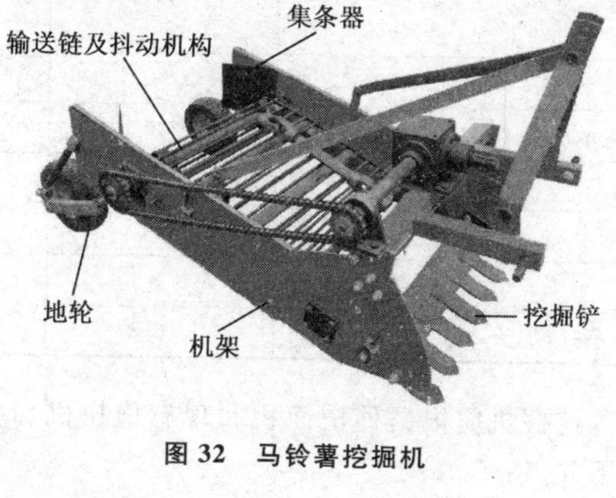

图 32　马铃薯挖掘机

1. 选型

马铃薯挖掘机体积小、质量轻、结构紧凑、操作灵活、性能稳定可靠、生产率高、漏薯率高、伤薯率低、损失率小；能满足薯类收获的农艺要求，和人畜作业相比较省工、省时、降低投入、缩短收获期，适宜于农户或集体较大面积收获薯类使用；另外马铃薯挖掘机配套动力小，我国农村范围小拖拉机多，动力选择面大，容易配套。

我国生产马铃薯挖掘机的厂家较多，有潍坊大众机械有限公司、天津拖拉机制造有限公司、山东富邦农业机械装备有限公司和青岛洪珠农业机械有限公司等，其主要参数是生产效率，一般马铃薯挖掘机的生产效率是每小时 1～10 亩。部分马铃薯挖掘机型号及主要技术参数见表 9。

表 9　部分马铃薯挖掘机主要技术参数

型号 主要技术参数	鑫鹏 4U-1100	常力 4U-50	铁牛 4UM-160
生产厂家	潍坊大众机械有限公司	山东常发工贸有限公司	天津拖拉机制造有限公司
配套的轮式拖拉机功率（千瓦）	22.0～29.4	5.88～8.8	≥47.8
外形尺寸（长×宽×高）（毫米）	2 066×1 600×950	950×720×66	2 230×2 050×1 220
收获机质量（千克）	300	83	720
工作深度（毫米）	100～200	200	200～300
挖掘铲型式	平铲式		直铲式
工作幅宽（毫米）	1 100	500	1 600
配套型式	三点悬挂		三点后悬挂
生产率（亩/小时）	2～6	≥0.8	4～8

马铃薯挖掘机应根据种植面积和现有拖拉机功率进行选择，应注意以下几点：

①种植面积　一般种植马铃薯的面积不太大时可以选择马铃薯挖掘机。

②配套动力　购买挖掘机时要考虑与自身现有拖拉机的匹配

性，包括马铃薯挖掘机作业效率与现有拖拉机功率的匹配和安装匹配。

③厂家信誉和售后服务　购买前可以对各生产厂家进行调查，比如通过老用户了解马铃薯挖掘机的使用情况，选用故障率低、作业效率高、维修方便的马铃薯挖掘机。

2.基本结构与功能

马铃薯挖掘机是我国使用比较广泛的一种抖动链式薯类收获机械，由机架、挖掘铲、输送链及抖动机构、集条器和地轮等组成，如图32所示。

马铃薯挖掘机一次完成挖掘、升运、分离、放铺等多项工序，通过挖掘铲对马铃薯进行挖掘，挖掘后通过输送链输送，输送链配有抖动机构，使马铃薯与土壤分离，再通过集条器把马铃薯集放成条，最后通过人工拣拾，如图33所示。马铃薯挖掘机与拖拉机配套使用，适合于在地势平坦、种植面积较大的沙壤土地上作业。

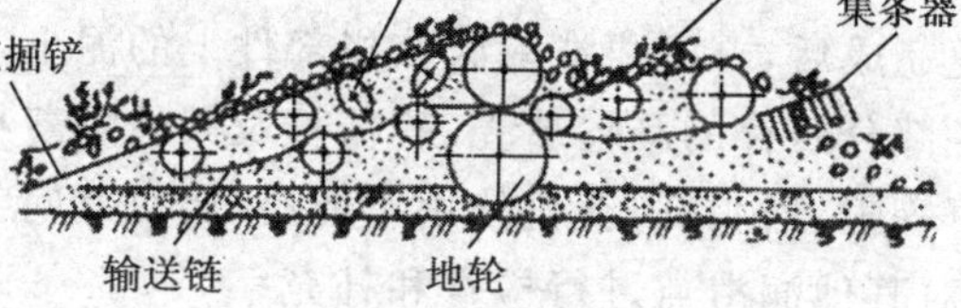

图33　马铃薯挖掘机工作过程

3.使用操作

(1)机器连接

将万向节的一端与拖拉机后输出轴连接，另一端与收获机花键轴连接，再将机器与拖拉机三点悬挂连接。

(2)挖掘铲深度调节

①可通过调节拖拉机中央拉杆的长度来调节其深度，中央拉杆缩短时挖掘深度则深，中央拉杆伸长时挖掘深度则浅。注意：调整后，中央拉杆的丝扣结合不能太少，否则造成机具松脱

而损坏。

②可通过调节限深轮深浅,控制挖掘铲的深度。为能更好地挖尽作物茎块,建议采用适当的挖掘深度,从而避免挖掘不必要的泥土,减轻作业负荷。收获马铃薯时深度调节在20厘米左右。

(3)整机偏移程度调节

当上述工序完成后应及时检查挖掘铲与垄是否对正,如不对正,可通过拖拉机的悬挂系统进行偏移调节,或者通过加宽拖拉机的轮距来调节。

(4)整机试运转

按以上步骤调整完毕后,进一步检查各连接部位的可靠性,各润滑部位及转动部件是否加注了足量的润滑油。检查完毕后发动拖拉机,先用小油门,机器无异常响声后,方能逐渐加大油门。全速运转20分钟后,检查轴承及转动部件,所有紧固件无松动,方可投入使用。

4. 维护保养

①作业完成后,首先要清除收获机部件上的泥土,每天都要清除机器上各部分残存的马铃薯壳、碎茎秆及其他附着物,特别要彻底清除杂草等附着物。收获机使用1周后,要对万向节、轴承等加注黄油,并对其他润滑点进行检查和补充。

②检查收获机皮带的磨损情况,如果收获机皮带磨损严重,要及时更换新的皮带。要及时润滑一切摩擦部位;所有装在外面的链条要经常用机油润滑。每隔3～5天应卸下链条放在清洗油中清洗。检查中发现的问题要及时调剂或修理,以消除故障,并避免新故障的发生。检查机架、连接紧固部位、各拉杆备紧螺母或防松销轴是否松动或脱落,并及时紧固和更换。

③收获机在存放时,要选择通风遮阳的地方,用砖或其他物品将机架垫起,使挖掘铲、限深轮离开地面,最后,用塑料布把收获机盖住。拆下的动力轴、液压油管、地轮等最好放在架子上,摆放整齐,防止损坏。

(二)马铃薯联合收获机

马铃薯联合收获机可同时完成挖掘、分离、分选和装箱等工序，是国家列为“十二五”重点推荐项目。

1. 选型

马铃薯联合收获机与马铃薯挖掘机相比，增加了输送分离装置，强制振动，分离率高，可一次性完成挖掘、分离、分选和装箱等工序，收净率高，破损率低，如图 34 所示。

图 34　马铃薯联合收获机

马铃薯联合收获机的生产厂家主要有中机美诺科技股份有限公司、围场县顺达农机厂、邯郸市喜和禾农业机械有限公司、宁夏崴骏车辆装备制造有限公司等，其主要参数有工作效率和收获幅宽，一般马铃薯联合收获机的工作效率为 3～20 亩/小时，收获幅宽一般为 50～200 厘米，马铃薯联合收获机部分机型及主要技术参数见表 10。

马铃薯联合收获机械收获效率高，不需要人工捡拾，但其价格比较高，适合种植面积较大、经济条件较好的地区使用，选购时要根据种植面积选择机型大小，根据经济条件选择厂家品牌，最好选择当地使用比较多、维修方便、经济实用的机型。

表 10　马铃薯联合收获机部分机型及主要技术参数

主要技术参数＼型号	顺达 4UM-1500	喜和禾 4SG-1500	美诺 1710
生产厂家	围场县顺达农机厂	邯郸市喜和禾农业机械有限公司	中机美诺科技股份有限公司
整机尺寸(毫米)	3 100×1 900×1 680	5 200×2 650×1 150	5 500×3 300×3 400
整机质量(千克)	1 400	2 780	5 600
配套形式	牵引	半牵引	牵引
配套动力	58.8 千瓦	44.1～88.2 千瓦	100～140 马力
工作效率(亩/小时)	7～15	5～10	3～9
工作深度(毫米)	≥250	100～250	250～300
收获幅宽(毫米)	1 500	1 700～1 800	1600
明薯率	≥90%	≥96%	≥90%

2.使用操作规范

①驾驶员必须经过马铃薯收获机驾驶操作的培训和学习，具有田间作业经验和农机管理部门签发的驾驶执照。

②使用过的马铃薯收获机必须经过全面的检修和保养，与马铃薯收获机配套的拖拉机必须通过农机监理部门的年审，且技术状况良好。

③发动机启动前，必须将变速手柄及动力输出手柄置于空挡位置。启动发动机后应检查拖拉机液压升降系统是否正常；各操纵机构、指示标志、仪表、照明等是否正常；然后缓慢接合动力，检查收获机各运动部件是否正常，有无异常响声等。

④拖拉机起步、转弯、倒车时，要先鸣喇叭，观察前后左右的状况，并提醒多余人员离开。长距离行走或运输状态时，必需切断收获机的动力，中速行驶，并且机组人员除一名驾驶员外，其他部位不允许坐人。

⑤进入地块收获前，驾驶员要了解待割地块的基本情况，如地形、品种、行距、成熟程度、倒伏情况等，地块内有无木桩、石块、田

埂、水沟，是否有陷车的地方等。进入地块后，机具应进行试运转，并使发动机稳定在正常工作转速，方可开始收割。

⑥作业过程中，驾驶员要随时观察、倾听机具各部位的运转情况，如发现异常，应立即停车熄火排除故障，不允许机器带故障作业。作业过程中，如果冷却水温度过高，应停车清理水箱前端堵塞物，并及时补充冷却水，但不要立即打开水箱盖，以免烫伤手脸，而应冷却一段时间后再打开水箱，补充冷水。

⑦工作期间，禁止驾驶人员饮酒，禁止驾驶员在过度疲劳、睡眠不足、健康状况不好的情况下驾驶机组。

3. 维护保养

①减速器可加 40 号机油或齿轮油，每作业 48 个小时应检查油量，使油面保持在大齿轮 1/3 的高度位置。

②导轮、托链轮、抖动轮、张紧轮、升运链轴承、地轮和万向节传动轴等，应保持良好的润滑。

③更换减速器机油，向各润滑点加注润滑油。

④每运行一个班次，应对机具各润滑点注油，对各坚固件进行检查紧固，并擦拭机具，清除杂物。

⑤作业时随时注意收获机械的工作状态，发现破碎、漏收时，应及时查找原因，调整后再行作业。

⑥作业季节前，要求清理机器各部位表面泥土，检查全部紧固件。

⑦随时做好机具清理工作，一般每收获 10 亩做一次简单的检查，收获 2 公顷就停车检查调整各部件，以防各坚固件松动，发观有部件有过热现象时，应查找原因排除。

⑧作业完毕后，取下筛网总成，清除泥土、杂草后放在干燥处。各润滑点如注油润滑，杂物切轮轴承盖和筛网导轮轴承盖应拆开加注黄油。

⑨作业季节结束要进行全面清理、清洗，进行全面检修，恢复良好技术状态，将其按要求停放在机具库内。

五、饲料收获机械

饲料收获机械指由动力机械驱动专门用于青饲料或作物秸秆收获机械，饲料收获机械包括青饲料收获机械、割草机、秸秆捡拾打捆机等。

(一)青饲料收获机械

青饲料机械化收获可分为分段收获法和联合收获法。分段收获法指青饲料的切割、收集、运输、切碎工序分别有不同的机械完成作业。联合收获法指用青饲料联合收获机一次性完成青饲料的收割、切碎和装载等作业工序，劳动强度小，生产率高。青饲料联合收获机按动力来源分为自走式、悬挂式和牵引式。

小知识

青贮饲料就是将含水量为65%～75%的青绿饲料切碎后在密闭缺氧的条件下，通过厌氧乳酸菌的发酵作用来抑制各种杂菌的繁殖而得到的一种粗饲料。

1.自走式青饲料收获机

自走式青饲料收获机械有发动机提供动力，有独立的行走底盘，具有生产效率高、机动性能好、适应性广等特点，尤其是大、中型自走式收获机械，集收割、切碎、输送装车为一体，作业质量好，作业效率高，损失小，转移方便，完全可以满足青饲料收获的需要，适合大、中型奶牛场及农牧场使用，如图35所示。

图 35　自走式青饲料收获机

(1)技术参数

自走式青饲料收获机的生产厂家主要有现代农装科技股份有限公司、石家庄美迪机械有限公司、新疆机械研究院股份有限公司、中机美诺科技股份有限公司和河北农哈哈机械集团有限公司等,其主要参数是收获效率和切碎长度,一般收获效率为每小时20～40 吨,切碎长度为 15～35 毫米,部分机型及主要技术参数见表 11。

表 11　自走式青饲料收获机部分机型及主要技术参数

主要技术参数 \ 型号	丰美 4QZ-2800	美迪 9QZ-2800	牧神 9QSZ-2200
生产厂家	现代农装科技股份有限公司	石家庄美迪机械有限公司	新疆机械研究院股份有限公司
发动机功率(千瓦)	162	162	110
机器质量(千克)	7 200	7 200	9 450
收获效率(吨/每小时)	28～36	30～36	40
工作幅宽(毫米)	2 800	2 850	2 200
割茬高度(毫米)	≤100	≤120	≤120
切碎长度(毫米)	10～30	15～30	7～35 多级可调

(2)基本结构与功能

青饲料联合收获机械是指在田间作业时,一次性可同时完成收割、切碎和抛料三项作业。自走式青饲收获机主要由收割台、喂入装置、切碎装置、抛射筒、发动机、行走部分、液压部分及电器部分组成,如图 36 所示。

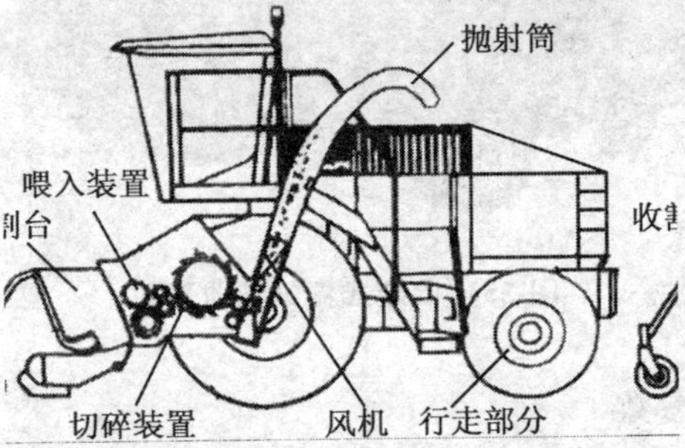

图 36　自走式青饲料联合收获机

①收割台　收割台通过三点悬挂装置与主机挂接,上部连杆可起缓冲作用,底部有液压油缸控制其升起和降落。收割台上的挡禾杆用来对即将进入输送搅拢的青饲料进行扶持、阻挡,使之向前倾倒一定的角度,以达到根部先进入输送搅拢而顺利喂入的目的。收割台上扶禾器有左右两个,其作用一是用来将倒伏的青贮玉米扶起以便顺利喂入;二是用来将正在收获与相邻未收获垄之间相互交叉的饲料分开,避免相互干扰,影响作业。

②喂入装置　喂入装置采用辊式喂入机构,一般由 4 个水平布置的喂入辊组成。下面两辊为浮动辊,在弹簧作用下可随喂入青饲料的厚度变化而上下浮动。下面前后两辊为固定辊,其中后下辊上方靠近切碎定刀处装有一把清草刀,以保持辊的清洁和不被杂草缠绕。喂入辊采用液压控制,可实现正转、反转和中立。喂入机构的动力是由两个带超载保护装置的万向传动轴传入的,当超载或堵塞时,保护器工作,并发出脉动的报警声,喂入辊失去动

力而停止转动，这时应操纵开关使喂入辊反转，以排除堵塞物。

③切碎装置　切碎装置由圆盘转子、定刀、动刀、喷射叶片、碎粒装置及刃磨装置等组成。圆盘转子最多可装12把刀，改变装刀数量可调整切段长度。动刀与定刀之间的间隙不大于1毫米，超过时可通过移动定刀圆盘来调整。切碎定刀为双面刃，可翻面使用。一般还装有切碎刀刃磨装置，可随时刃磨，以减少机器的动力消耗和保证切削质量。切碎器壳底部装有揉碎搓板，以打碎青贮玉米中的硬玉米粒。揉碎搓板用螺栓固定在壳体上。

④抛射筒　抛射筒主要是喷管，有的加了电动复式折翼机，这种机型抛射筒由液压马达拖动可旋转，电动复式折翼机可增大抛射筒抛射距离和抛射角度的调整范围，以满足用户需要。液压马达和电动复式折翼机均由驾驶室内的控制盒来控制。

⑤行走部分　行走部分由变速器、驱动轮桥和转向轮桥等组成。

(3)保养维修

青饲料收获机在保养维修时应首先停止机器，待转动部件全部停下来后才能进行检查与维修。维修注意机器放牢后才能在底下拆卸，在焊接前要断开拖拉机发电机与蓄电池间的导线，以免引起火灾，更换的零件必须是正规制造厂生产的。下面介绍各部分的保养及维修。

①地轮支架与主副机架间用4个螺栓的联接，应经常检查其拧紧情况。

②喂入辊、喂入辊拨齿、喂入辊齿圈磨损严重时应及时更换。

③喂入切割刀是两圆盘形刀片，两刀片安装时应无间隙，从而实现相互摩擦以达到自磨刃的目的，若两刀片之间出现间隙应及时用调整垫调整，刀片用旧后要及时更换。

④喂入机构由两个栓销驱动齿轮，当割草部件或喂入部件超载或堵塞时，栓销可能会被剪断。这时需要打开齿轮罩，取出断销，插入新销。

⑤齿轮箱每年检查一次油位，轴承应及时润滑并检查，磨损严重时应更换。

⑥当茎秆纤维切割不齐时，可通过机器上的刃磨器刃磨切碎刀。切碎刀刃磨后，必须重新调整动刀与定刀的间隙：打开后封板上的立轴防护罩，拿掉锁销，用随机专用扳手拧轴头花螺母直到使动刀轻微接触定刀后，再后退螺母至动刀能够自由转动为止。

⑦定刀磨损严重时，可先卸下圆盘转子，用扳手卸下固定定刀螺栓，卸下定刀，翻转换面后重新紧固，并调整到与动刀平行

⑧刮削器应与光辊在全长上接触，可松开六角螺栓进行调整。

2. 悬挂式青饲料收获机

悬挂式青饲料收获机悬挂在拖拉机上，由拖拉机动力输出轴驱动，可完成玉米、高粱等作物秸秆的割倒、喂入、切碎、抛送和装车等多项作业，如图 37 所示。

图 37　悬挂式青饲料收获机

悬挂式青饲料收获机生产厂家主要有现代农装北方农业机械有限公司、新疆机械研究院股份有限公司、黑龙江省赵光机械厂、德州市华北农机装备有限公司、河北双天机械制造有限公司、中机美诺科技股份有限公司和河北农哈哈机械集团有限公司等，产品主要参数是喂入量和切碎长度，一般喂入量为每秒 2～10 千克，切碎长度为 10～100 毫米，部分机型及主要技术参数见表 12。

表 12　青饲料收获机部分机型及主要技术参数

主要技术参数＼型号	金乐 4JH-170	牧神 9QSD-900	旄牛 QS-186
生产厂家	北京金乐农业机械有限公司	新疆机械研究院股份有限公司	德州市华北农机装备有限公司
配套动力	≥60 马力拖拉机	55～80 马力拖拉机	50～65 马力拖拉机
工作幅宽(毫米)	1 800	900	1 680
喂入量(千克/秒)	2.5	9	2.8
作业速度(千米/小时)	2.8	≤8	3.3～9
最小转弯半径(米)	按照挂接的拖拉机转弯半径	参照挂接拖拉机技术参数	7
切碎长度(毫米)	≤86(成丝状)	7～35	< 100
切割器形式	单圆盘式	单圆盘式	往复式
切碎器形式	轮盘式	轮盘式	滚筒式
整机质量(千克)	970	740	820

3. 牵引式青饲料收获机

该机型由地轮或拖拉机动力输出轴驱动，具有使用成本低的特点，但由于该机型收获前要预先开道，需要人工辅助劳动，作业机组长而转弯半径太大等原因，生产批量一直不大，如图 38 所示。

图 38　牵引式青饲料收获机

牵引式青饲料收获机主要由割台、喂入装置和抛射筒等组成，该机根据作物品种不同可以配置多种类型的割台，牵引式青饲料收获机械需与拖拉机配套，还需另配料箱。

4. 选型

青饲料收获机的选择应根据机型特点和种植面积进行选择。

自走式青饲料收获机具有生产效率高、机动性能好、适应性广等特点，适合大型奶牛场及大面积种植青饲料的农牧场使用，但其价位一般比较高，一般收回成本需 2～4 年，要考虑自身经济条件进行购买，购买前一定要货比三家，选择信誉好、故障率低、维修方便的机型。

悬挂式和牵引式青饲料收获机具有生产效率较高、作业灵活、价格便宜的特点，比较适合中国目前的收获要求。选购时要注意所选机型一定要与现有拖拉机动力匹配。

(二)割草机

割草机是割下牧草或其他可制成干草的作物，并将其铺放在地面上的牧草收获机械，是一种切割牧草的机械设备和绿化环保设备。它可将牧草和园林中的杂草进行切割晾晒，并将回收后的干草用于畜牧饲料。

割草机按运动形式分为往复式和旋转式两类。

1. 往复式割草机

往复式割草机依靠切割器上动刀和定刀的相对剪切运动切割牧草，这种形式的割草机需与拖拉机配套使用。往复式割草机的特点是割茬整齐，单位割幅所需功率较小；但对牧草不同生长状态的适应性差，易堵塞。适用于平切，切割速度一般低于 3 米/秒，作业前进速度一般为 6～8 千米/小时，如图 39 所示。

往复式割草机由切割器、割刀传动装置、切割器提升装置、安全装置和挡草装置等主要部件组成。切割器的工作原理和构造与谷物收获机械的切割器基本相同。所用刀片有光刃和刻齿刃两

图 39 往复式割草机

种。一般采用光刃动刀片。割刀传动装置也和谷物收割机类似，多采用偏置式曲柄连杆机构和摆环机构。

由于牧草生长密度大、含水率高，动刀的平均速度高于谷物收割机，一般为 1.6～2.0 米/秒。切割器提升装置一般由液压系统操纵，提升迅速、方便，能保证切割器对复杂地面的适应性。安全装置主要是保护切割器的安全。对作业速度较高的割草机，一般采用脱钩式安全装置。当切割器阻力过大时，安全装置即自动脱钩，切割器向后摆动，同时切断切割器的动力。有的割草机的割刀传动装置采用木制连杆或胶带传动方式，在超负荷时连杆折断或胶带打滑，以保护其他传动零部件和切割器不遭损坏。挡草装置通常是装设在切割器两端或外端的挡草板，其作用是将割下的牧草向切割器中部推移一段距离，留出供下一行程拖拉机轮子通过的通道，避免或减少对已割牧草的碾压。

2. 旋转式割草机

旋转式割草机依靠高速旋转刀盘上的刀片冲击切割牧草，切割速度（刀片刃口根部的圆周速度）高达每秒 60～90 米。旋转式割草机的特点是工作平稳，作业前进速度每小时可达 15 千米以上，对牧草的适应性强，适用于高产草场，但切割不够整齐，重割较多，单位割幅所需功率较大，如图 40 所示。

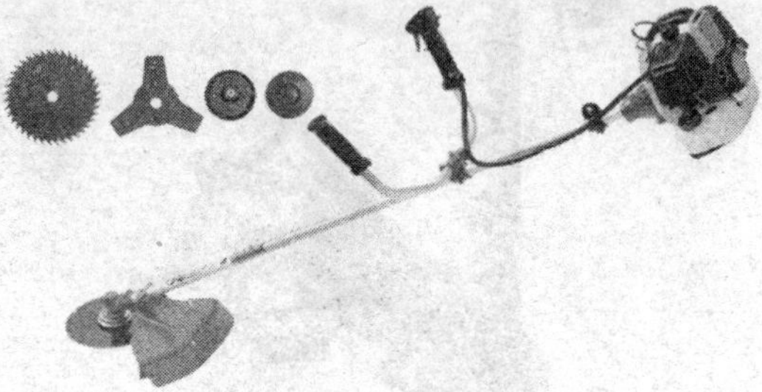

图 40　旋转式割草机

转盘式割草机的传动装置位于刀盘的下方，因而又称下传动旋转式割草机。

旋转式割草机刀盘上铰接的刀片，当刀盘高速旋转时，在离心力作用下保持其切割状态。当阻力过大或遇障时，刀片即回摆，避免损坏。刀片一边刃口磨损后可以换边使用。更换刀片也较往复式割草机方便。在旋转式割草机上，除装有与往复式割草机相似的安全装置外，在切割器上方还加设防护罩，以保证人身安全。

3. 自走式割草机

自走式割草机自带动力装置和行走系统，动力一般为汽油机，割草部分为往复式，如图 41 所示。

(1)使用操作

①割草机割草之前，必须先清除割草区域内的杂物，以免损坏打草头、刀片。冷机状态下启动发动机，应先关闭风门，启动后再适时打开风门。若草皮面积太大，割草机连续工作时间最好不要超过 4 个小时。

②割草机使用后，应对其进行全面清洗，并检查所有的螺钉是否紧固，刀片有无缺损，检修高压帽等，还要根据割草机的使用年

图 41 自走式割草机

限，加强易损配件的检查或更换。

(2)维护保养

①清洁空气滤清器 泡沫滤芯每 25 个小时清洁一次，纸芯每 100 个小时清洁一次，灰尘大应更频繁。泡沫滤芯的清洁采用煤油或洗涤液和清水清洗，挤压晾干，然后浸透机油，挤去多余的机油即可安装。

纸质滤芯应在平面上轻敲。如非常脏，应更换或在无泡沫洗涤剂里清洗；先里后外用流水彻底冲洗，直到水流清洁为止，竖立放置并风干。

注意：不能用石油溶剂，如煤油等来清洁纸芯。因其可能导致纸芯变质，不要在纸芯上放机油，不要用压缩空气清洁或干燥纸芯。

②更换机油 割草机新机第一次运转 5 个小时后应更换机油，以后每使用 30～50 个小时更换一次机油。

放掉旧机油时，可以从刀盘下部油底壳的放油孔放油，也可打开加油口，把机器左倾放油(空滤一定要在上部)。放油应在热机状态下进行，并拆下火花塞和点火线。油放干净后，重新加上合适的机油到规定的刻度。

注意:放出的废机油应保存好,交废油回收商,不可乱倒污染环境。

③冬季保养　在储存超过 30 天以上时应放掉油箱里的燃料,并发动汽油机直到其因燃料耗尽而停机;在刚停机的热机状态下,先放掉曲轴箱中的机油,再按推荐的等级加注新的机油于合适的刻度;取下火花塞,向缸体滴入 5～10 毫升机油,转动曲轴数圈,装上火花塞;清洗刀盘、机体、缸体、缸头散热片、导风罩、网罩及消声器周围的灰尘及碎屑。

(3)故障排除

①排气管冒黑烟　造成该故障的原因是进入发动机的混合气过浓。如果产生这类情况,应先清理空滤器或更新滤芯。如故障未排除,则需调整或清洗化油器。

②排气管冒蓝烟　造成该故障是因为有机油参加燃烧。出现该故障后应先检查机油尺,看机油是否过量。如过量,放掉多余机油后再运转 10 分钟。如故障仍未排除,则需要对发动机进行检修。

③割草机热机起动困难　割草机热机起动困难多为燃烧室闷油所致,应将火花塞拧下并擦干(注意防烫),然后拉几次起动绳,排清气缸内残油,再将火花塞装回,重新起动发动机。

④割草机割草无力　首先检查刀片是否锋利,如果较钝则需要进行打磨;其次将空气滤清器取下清理,如无法清理则更换;另外,应观察草地是否叶长浓密,如果是,应放慢割草速度,减轻发动机的负载。

⑤割草机起动和停车时有剧烈异响　造成上述故障的原因为刀片中心螺栓未拧紧。如果发现该故障,应将螺栓拧下,取下联刀器,检查有无损坏,然后重新装上联刀器和刀片,将螺栓拧紧。

⑥割草机起动时拉绳反弹　造成该故障的原因是点火时间提前。通常是因为剪草时刀片打过硬物,导致飞轮键被剪切。此时应对故障机器进行检修。

(三)秸秆捡拾打捆机

秸秆捡拾打捆机是一种新型秸草收集设备,能自动完成牧草、水稻、小麦和经揉搓的玉米秸秆的捡拾、打捆和放捆,广泛用于干、青牧草,水稻,小麦,玉米秸秆的收集捆扎,是畜牧业、造纸业、生物发电业不可缺少的机械。

秸秆打捆的作用

①易于储存,可大大减少草场的占地面积;②装卸运输方便,可充分利用运输工具的运载能力;③易于销售;④可提高饲料场地的安全程度,不易发生自燃。

1. 特点

秸秆捡拾打捆机要与带动力输出的拖拉机配套使用,它可以自动完成软茎草类(稻、麦秸秆、牧草等)的捡拾、成型、打捆和放捆过程,如图 42 所示。一般成捆的形状有方形和圆柱形两种。秸秆捡拾打捆机一般有这样的特点:可收获稻草、干草、麦秸及苜蓿等谷草类的茎秆,适用面广;结构简单,故障率低,工作可靠,易操作,捆形小易搬运;与中小马力的拖拉机配套使用,灵活机动性好,在小地块地区更有优越性;草捆成形后,通过拖拉机自带的液压机构控制油缸,将后机架打开,吐出草捆。

2. 技术参数

秸秆捡拾打捆机的主要生产厂家有上海苜邦机电制造有限公司、现代农装科技股份有限公司、中国农业机械化科学研究院呼和浩特分院和上海世达尔现代农机有限公司等。秸秆捡拾打捆机的主要参数是配套动力和工作效率,一般配套动力为 15~50 马力、每小时可以收获 3~10 亩。部分机型及主要技术参数见表 13。

图 42　秸秆捡拾打捆机

表 13　秸秆打捆机部分机型及主要技术参数

主要技术参数＼型号	宏阳 HY-5080	苜邦 9KF-7050	世达尔 MRB0850
生产厂家	曲阜宏阳机械科技有限公司	苜邦机电制造有限公司	上海世达尔现代农机有限公司
挂接方式	拖挂	牵引	拖挂
配套动力	18～30 马力拖拉机	18～30 马力拖拉机	25～50 马力拖拉机
整机质量(千克)	600	420	390
工作效率	3～5 亩/小时	60～80 捆/小时	2～4 亩/小时
草捆尺寸(直径×高)(毫米)	500×800	500×700	500×700

3. 基本结构

秸秆捡拾打捆机主要由捡拾器、打草滚筒、链轮传动机构、绳盒、引绳杆及预警装置、液压控制机构等部件组成。打捆时自动引绳，自动捡拾麦草，自动打捆，自动切绳，并可以通过嘈轮大小的调整，来改变打捆时的绳圈和捆草密度，使草捆不散、不凌乱。

4. 操作规范

①必须经过操作训练后方可使用，不要盲目操作，以免造成

事故。

②打捆机工作之前，分离动力输出轴并使发动机灭火，使喂入器到达底部死点，并将拖拉机制动。

③机器运转前，要先将护罩放回原位，固定好。

④拣拾器上要清洁，不得放任何物品，以免被喂入机器，发生危险。

⑤当打捆机已挂到拖拉机上且拖拉机正在运转时，手不要靠近打结器或打捆针保护架，确保各部分护罩在正确位置。

⑥当用手转动飞轮时，应小心，别把手夹到飞轮外罩与飞轮之间。

⑦当机器在运转时，小孩及无关人员不得靠近机器。

5. 使用调整

(1)作业速度调整

拖拉机作业速度取决于牧草种类及草条大小。例如：中等大小的草条，每米 2～3 千克，每小时不大于 5 千米。大于每米 5 千克时不宜行走作业；小于每米 2 千克的草条，拖拉机亦可适当提高前进速度。这里指的前进速度是指动力输出轴在不低于每分钟 540 转，相当于活塞每分钟 80 次往复的速度。绝对不能靠调节油门大小来调节拖拉机的前进作业速度。

(2)草捆调整

①长度调整　松开同步操纵杆上用螺栓固定的挡环，其位置往上调整时草捆变长，往下调整时变短。

②密度调整　通过手柄和压缩弹簧可以调整草捆密度(把手柄两侧回转到同一程度，使得左右压缩一致)。另外，牧草温度增加，草捆密度也增加，操作者应经常检查草捆重量而调整弹簧拉力。

③形状调整　如取出固定板销，松开草叉定位螺母。当草捆右弯曲时，转动草叉张力杆，使其变短；草捆左弯曲时，松开草叉张

力杆，使其变长，然后固定草叉定位螺母。

④每天作业结束后，必须松开压缩装置。

⑤稻草干燥时必须安装两侧压抑板，稻草潮湿时必须去除压抑板工作。

6. 维护保养

①对机器的里、外进行仔细的清理，彻底清除灰尘、草屑及陈旧的润滑油等堆积物。

②给所有的黄油嘴加注润滑油，并给活塞导轨涂上高质量的润滑油，然后让机器缓慢地运转，使润滑油均匀。

③对压捆室里面、捡拾器防护板底部及由于牧草摩擦而油漆被磨掉的零件，均应涂防锈剂。

④给打结钳部件涂防锈剂，并用防水布将打捆机构盖住。

⑤松开所有弹簧，解除压力，并将捡拾器置于运输位置。

⑥拆掉所有链条，清洁并润滑。

⑦更换主传动箱内的润滑油。

⑧将机器垫起来，使轮胎不受载荷。

六、棉花收获机械

棉花是我国的主要经济作物，主要有新疆棉区、黄淮流域棉区和长江流域棉区等三大产棉区域。棉花种植已基本实现机械化，棉花收获实现机械化是必然趋势。

棉花收获机械主要包括：采棉机和棉秆收获机。目前常用的采棉机是自走式棉花收获机，常用的棉秆收获机是提拔式棉秆收获机。

(一)自走式棉花收获机

自走式棉花收获机，如图43所示，广泛应用于大面积棉花产区的机械化收获，具有采摘率高，落地棉少，籽棉含杂率低，比人工收获工效提高约100倍，但结构复杂，价格高。4MZ-5型自走式采棉机，采用前置悬挂式采摘工作台，拥有翻转自动输卸式棉箱，是一种由液压与机械混合式传动的大型机械，其主要技术参数见表14。

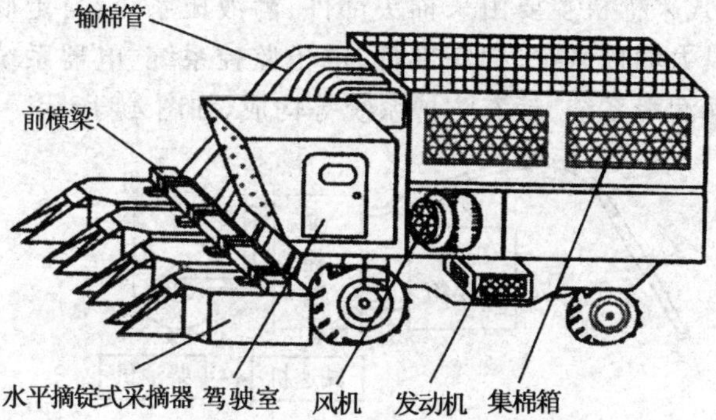

图43　4MZ-5自走式棉花收获机

棉花收获特点

棉花收获用工占总用工的1/5～1/3，且多在农忙季节；人工采收棉花日均工效60千克籽棉，效率低；棉花收获受季节限制，如不及时收花、烘干，将导致棉花变质降级。

表14　4MZ-5型自走式采棉机主要技术参数

发动机额定功率/转速	214千瓦/(2 200转/分钟)	
作业效率	10～15亩/小时	
吐棉采净率	≥94%	
棉籽含杂率	≤10%	
采摘速度	1档	0～5.8千米/小时
运输速度	2档	0～7.0千米/小时
	3档	0～24.0千米/小时
棉箱体积	全升起时32.8立方米	
燃料油箱	454升	
外部尺寸	工作状态	8 240毫米×4 600毫米×4 826毫米
	运输状态	8 240毫米×4 600毫米×3 800毫米
重量	空载状态	15 000千克

1.基本结构和功能

自走式采棉机主要由采棉头部件、静液压系统、自走底盘、操纵系统、风力输棉系统、棉箱部件、电子监控系统、电器系统、淋润系统、自动润滑系统、动态防护系统等构成，如图44所示。

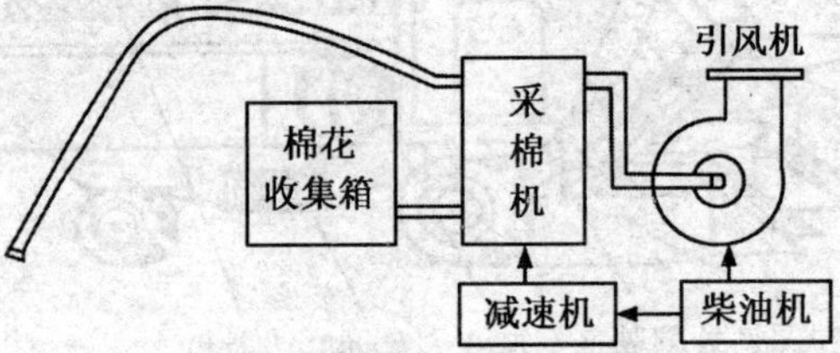

图44　采棉机结构示意图

如图 45 所示，当采棉机沿棉行前进时，棉株由扶导器导入采棉工作室，受到两侧向后相对旋转的滚筒的滚压，旋转着的摘锭利用表面的钩齿抓住籽棉，并将籽棉缠绕在自身的表面。摘锭随着滚筒的旋转离开采棉工作室进入脱棉区时，反向旋转，与同向高速旋转的脱棉器相遇，脱棉器上的毛刷将籽棉刷下来，籽棉落入集棉室。输棉管的气流将籽棉吸走，送入棉箱。

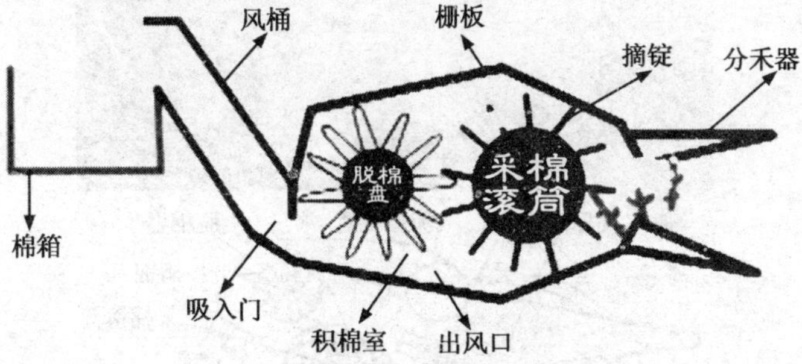

图 45　采棉机采棉原理

（1）采棉头部件

水平摘锭式采棉头主要有前后两组水平摘锭滚筒、采摘室、脱棉器、淋洗器、导向栅板、压紧板、集棉室、传动系统等组成，如图 46 所示。

如图 47 所示，摘锭安装在摘锭座管上，每个滚筒有 12 个摘锭座管，每根座管安装有 18 个摘锭，每个滚筒就有 216 个摘锭，可保证充分与棉花接触。

摘锭的工作过程如下：

①摘锭摘籽棉　扶导器将棉株扶起导入采摘室内，被挤压在 80～90 毫米的空间内，摘锭伸进棉株，高速旋转，将籽棉缠在摘锭上，经栅板孔隙退出采摘室。

②脱棉　滚筒把一组组摘锭带到脱棉器下脱棉。

③送籽棉　脱下的籽棉被气流送入棉箱。

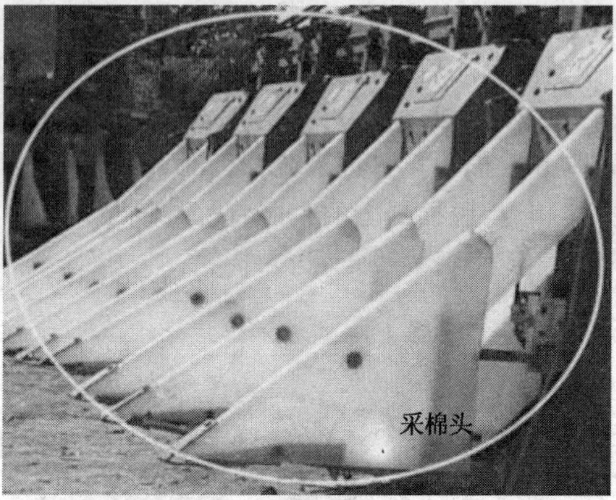

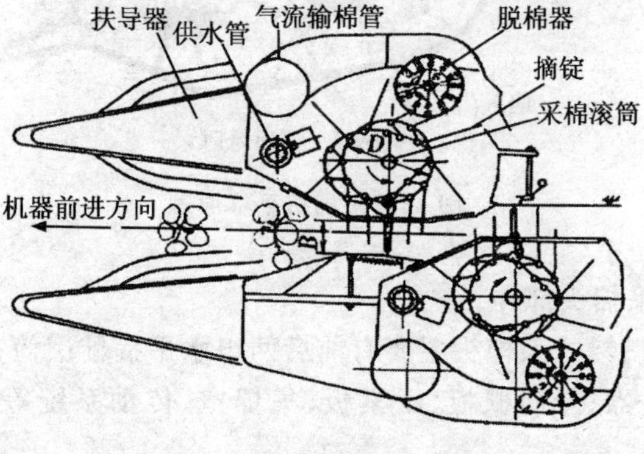

图 46　水平摘锭式采棉头结构

④摘锭再转到湿润器下面被擦净湿润后，又重新进入采摘室采棉。

(2)液压系统

液压系统有液压油泵、液压油箱、输油管线、出油头和油压调节器等部分，通过液压油泵把液压油箱的液压油输送给采棉头和整个采棉机的行走机构，如图 48 所示。

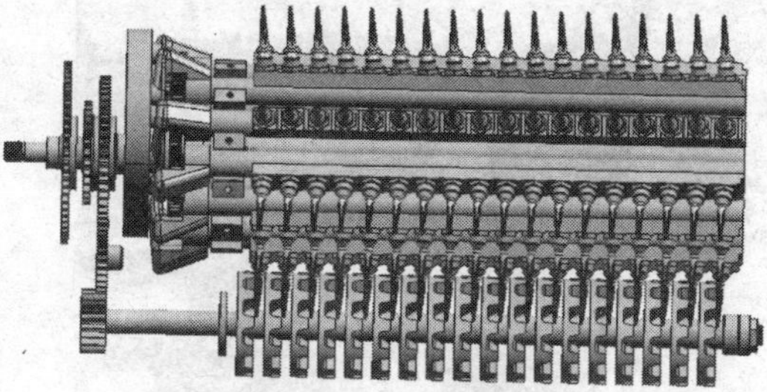

图 47　采棉机的摘锭

图 48　液压系统

(3)操控系统

如图 49 所示,操控系统是采棉机驾驶员指挥各个系统工作的枢纽,包括方向盘、点火开关、手油门、变速控制杆、驻车踏板、采棉头控制杆、风机结合开关、摘锭润滑开关、水压调节开关、棉箱升降开关、棉箱倾倒开关、压实器开关、输送器开关、采棉头右框架升降开关、采棉头左框架升降开关、采棉头整体升降开关。驾驶员必须了解并熟练使用这些开关。

(4)风力输棉系统

如图 50 所示,风力输棉系统包括风机、风道、风筒、电动推杆等部分。风机通过风道将风送给风筒,通过风力将采下的棉花送

图 49　操控系统

入棉箱，风力输送系统工作时，首先要使电动推杆张紧风机皮带，发动机转速达到 2 200 转/分钟左右，风机转速达到 3 800 转/分钟左右，不能低于 3 600 转/分钟。

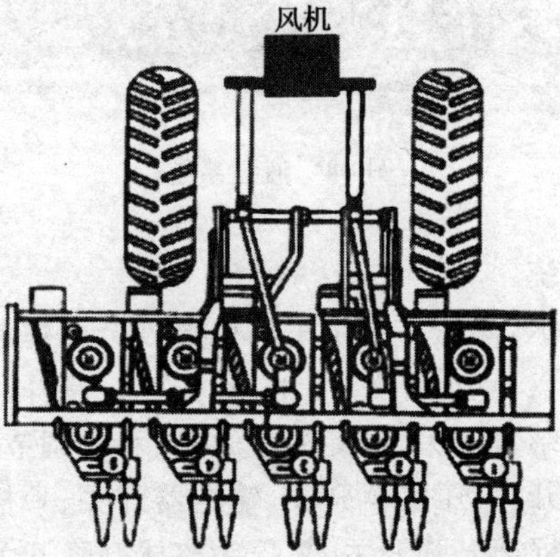

图 50　风力输棉系统

(5)棉箱部件

如图 51 所示，棉箱包括内棉箱、外棉箱、压实器搅龙、输送器等部分。下地前要升起内棉箱，挂好机械保险，当棉箱里的棉花已装到棉箱的一半时，启动压实器来压实棉花，当棉箱里的棉花已装满要及时翻转棉箱，启动输送器来卸棉。

图 51　棉箱

(6)电子监控系统

如图 52 所示，电子监控系统向驾驶员报告采棉机各个系统的工作情况，包括吸入门、离合器、水温、油温、油压、风机、润滑状况，一旦出现不正常情况，电子监控系统警告灯会亮起。

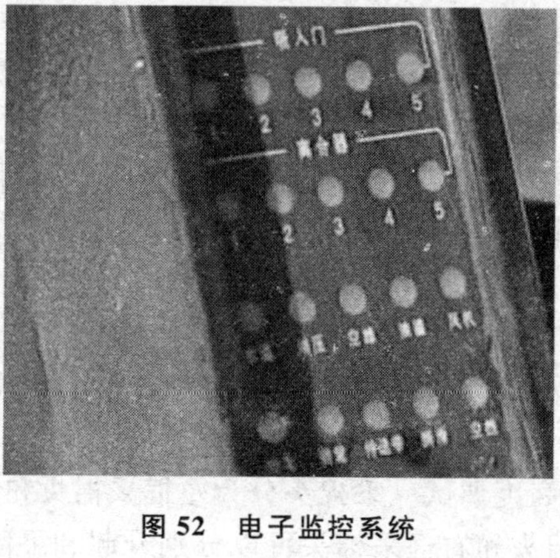

图 52　电子监控系统

(7)淋润系统

如图 53 所示,淋润系统包括:水泵、雾化器、分配器等部分。水泵和风机相连,水泵把清洗液注入采棉头里,通过采棉头的雾化器把清洗液均匀地喷在摘锭座杆上。淋润的目的:第一是给高速运转的摘锭降温,以免棉花着火;第二是清洗摘锭,使摘锭保持清洁润滑,以利于脱棉盘脱棉。

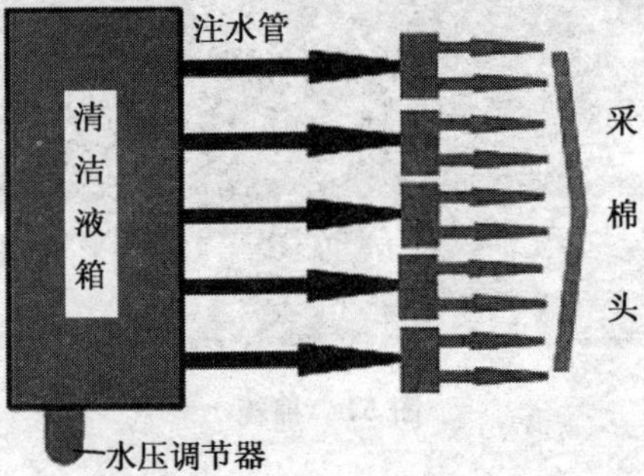

图 53　淋润系统

(8)自动润滑系统

润滑系统包括润滑泵和分配器两部分,自动润滑系统通过发动机带动润滑泵,把润滑脂均匀打入采棉头,使采棉头得到充分润滑,提高采棉头的使用寿命。

(9)电器系统

电器系统包括电源系统、起动系统、照明系统、信号装置及空调、收音机等辅助装置。

2. 使用操作

(1)采棉机调试

在下地采棉前,必须进行认真仔细地调试,以免在工作期间出现故障。

①采棉头高度调试　采棉头分为左框采棉头和右框采棉头两部分,左框采棉头和右框采棉头可以分别升起和下降,5 组采棉头

整体高度根据棉株的高度做上升或降低调整。在驾驶室，如图54所示，驾驶员按左框上升开关，左框采棉头升起，按下降开关则左框采棉头下降。同样，按采棉头右框升降开关，右框采棉头上升或下降。按采棉头整体升降开关，调整采棉头整体高度，以适应高低不同的棉株采摘的需要。

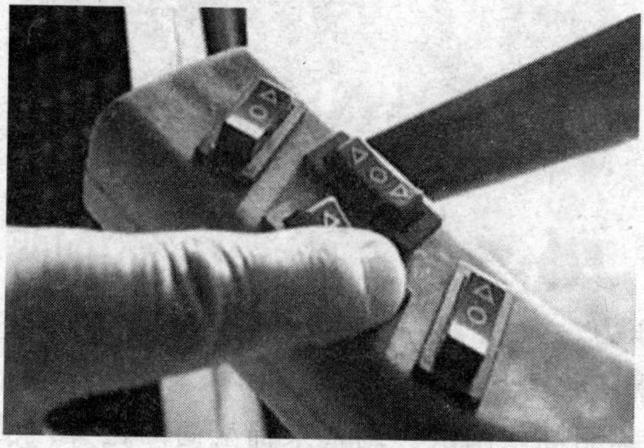

图54　左侧采棉头调整开关

②压力板间隙调试　首先检查压力板的间隙，启动润滑系统，使采棉头缓慢旋转，如果摘锭顶部与压力板之间发生干涉，相互碰撞，则调整压力板拉杆螺母，如图55所示，保证压力板和摘锭的尖端之间的间距，为3～6毫米。

间隙过大，会漏棉花；间隙过小，摘锭会在压力板上划出深槽，损坏部件，甚至摘锭与压力板的摩擦会产生火花，成为机器着火的隐患。此间隙应经常检查调整。

③压力板弹簧张力调试　通过调整调节板与支架上的圆孔的相对位置来实现，从旋转调节板直到弹簧正好刚刚接触到压力板开始，前采棉头调整为旋转调节板3个孔，后采棉头调整为4个孔，与支架上固定的孔对齐，插入凸缘螺钉。

调整时应先调整后采棉头上的压力板，只有在有必要时才拧紧前采棉头上的压力板。弹簧压力过小，采摘的棉花杂质少，但遗

图 55　压力板调整

留棉增加；压力过大，采净率提高，但棉花杂质增加，且增加机件磨损，应根据棉花长势具体调节。

④脱棉盘组高度调试　调整采棉滚筒的位置，直到滚筒上的一排摘锭与底盘上的狭槽排成一条直线，检查脱棉盘组与摘锭之间的摩擦阻力，它们之间有一点轻微阻力为准。间隙不合适时，可松开脱棉盘柱上的锁紧螺母，调节脱棉盘柱上的调节螺栓，逆时针转动，间隙变大，阻力小；反之，间隙变小，阻力增大。在作业过程中应根据摘锭的缠绕情况进行调整。

间隙过大时，脱棉不彻底，摘锭上缠绕物增多，易堵摘锭；间隙过小时，会增加脱棉盘与摘锭的磨损，增加传动阻力。

⑤湿润器柱位置调试　湿润器的位置应使摘锭脱离湿润盘时，湿润器衬垫的第一翼片刚好接触摘锭防尘护圈的前边沿，顶部和低部的湿润器衬垫应调整成一样。

调整：旋转滚筒，使摘锭调整到刚接触湿润器衬垫，松开顶部和底部的插销螺钉，向内或向外移动湿润器门直到每一个衬垫的第一个翼片在相应的防尘护圈的中间对齐，随后拧紧湿润器门锁紧螺钉。

⑥湿润器柱高度调试　当摘锭刚刚穿过湿润器盘的下面，所

有的翼片应稍微弯曲。对于新的湿润器垫，靠近防尘护圈的翼片应比靠近摘锭顶部的翼片弯曲多一些。

调整：松开锁紧螺母，顺时针转动湿润器柱高度调节螺钉以抬高湿润器柱；逆时针旋转以降低湿润器柱，最后拧紧锁紧螺母。

⑦清洗液加注与压力调试　水与清洗液的配比为：100 升/1.5 升，即 100 升水对清洗液 1.5 升，充分混合后即可加注。清洗液压力显示读数为 80～120 帕，若想提升压力，则按开关的“＋”侧；要降低压力，则按“－”侧。

棉花较湿时，应降低压力，棉花较干时，则提高压力。每次在加注清洗液或发现压力调节不正常时，应及时清理清洗液滤清器和喷头内的过滤网及喷头。

⑧棉箱倾倒调试　采棉机下地前必须调试棉箱升降和倾倒的灵活性，以免出现故障，影响采棉进度，造成损失。驾驶员按下棉箱升展开关，棉箱升展到倾倒的高度，按下棉箱倾倒开关，可以将籽棉卸下棉箱，按下降按钮复原。

⑨分禾器调试　当棉田棉株的株行距变化时，要对分禾器的宽度进行调整。分禾器是由铁链条链接的，调整时松开铁链，用力向两边分开或推进，调整到与棉田株行距一致即可。

(2)作业前准备

①严格按照作业要求做好棉花机械采摘前的土地准备工作　桥梁、道路、田间、地头、地边，按要求进行人工的平整，条田两头应根据采棉机的作业要求人工或者机械割出 15 米以上的转弯和卸棉地带，使采棉机正常作业，提高工时利用率。

②采棉机和运输拖车以及辅助作业人员的配合是提高采摘效率，减少损失的必要保证　由于采棉机和运输拖车以及辅助人员配合不合理，造成了采棉机工时利用率降低，采棉机工时利用低的主要原因是卸棉时间过长。

(3)作业前检查

作业前，对采棉机进行以下项目检查：

①检查采棉工作部件　采棉工作部件在规定范围内调整应自如，并能可靠地固定在所需位置上；采棉工作部件应做空运转试验，时间不少于30分钟，空运转期间应无异常；采棉工作部件仿形装置应反应灵活，无停顿、滞留现象；采棉工作部件升降应灵活、平稳、可靠，不得有卡阻等现象，提升速度不低于每秒0.20米，下降速度不低于每秒0.15米，静置30分钟后，静沉降量不大于10毫米。在运输状态下，升降锁定开关应锁定牢固。

②检测采棉机卸棉性能　要求棉箱升降应平稳，无卡滞现象；棉箱压实搅龙工作应平稳可靠，并能保证棉花在棉箱内均匀分布，且不得有明显缠绕；卸棉时棉箱输送机构应能顺利运转，无卡滞现象，输送链条的张力应适中，工作时无碰擦声，最大卸棉高度不低于3.5米，且保证正常卸棉。

③检查采棉机液压系统　采棉机的液压系统各机构应工作灵敏，在最高压力下，元件和管路联结处或机件和管路结合处均不得有泄漏现象，无异常噪声和管道振动。

④检查采棉机润滑系统　润滑系统油路应安装牢固，接口及管路无泄漏和阻塞现象；采棉工作部件应采用强制润滑装置，底盘系统应采用集中润滑。

⑤检查采棉机电器系统　电器装置及线路应完整无损，安装牢固，不得因振动而松脱、损坏，不得产生短路和断路；开关、按钮应操作方便，开关自如，不得因振动而自行接通或关闭；发电机技术性能应良好，蓄电池应能保持正常电压，电系导线应具有阻燃性能，所有电系导线均需捆扎成束，布置整齐，固定卡紧，接头牢靠并有绝缘套，在导线穿越孔洞时应设绝缘套管。

⑥检查采棉机制动系统　自走式采棉机应有独立的行走制动装置，以75%最高行驶速度制动时，制动距离不大于10米，且后轮不应跳起；自走式采棉机应有独立的驻车制动装置，驻车制动器锁定手柄或踏板必须可靠，没有外力不能松脱，并能可靠地停在

20%的干硬纵向和横向坡道上。

⑦检查采棉机灯光系统　自走式采棉机至少应安装上下部位前照灯、转向灯、示廓灯或标识、制动灯、倒车灯、警示灯、牌照灯、仪表灯、反光标志，且显示正常。其他灯系如棉箱灯、卸棉灯、平台灯、驾驶室顶灯、手持式工作灯等应工作正常。同时可根据用户需要选装雾灯。

⑧检查采棉机信号监视系统　自走式采棉机装有光声信号指示，监视系统(如:转向、燃油表、水温表、电压表、机油压力警告灯、关机指示灯、倒车声响装置、慢速标识、回复反射器、棉箱满载光声提示信号等)应齐全，反应灵敏，工作正常。

⑨检查采棉机排气防火装置　棉花是易燃品，进入收获季节的棉田更是星星之火，可以燎原。自走式采棉机发动机排气管道应加隔热装置，且应装有火星熄灭装置，排气管出口处离地面高度不小于1.5米。

(4)采棉

驾驶操作人员按规定的操作规程驾驶采棉机进行采棉。

①旋转起动开关，起动发动机。将手油门移动到怠速位置，让采棉头运转3～5分钟，进行预热。

②脚踩制动踏板，按风机结合开关，风机结合。田间作业时，为了保证风力系统有足够的风量，应把手油门加大到最大油门位置，使发动机转速达到额定转速。

③按下棉箱升降开关，把内棉箱升起。

④将采棉头控制杆向前推到头，结合采棉头摘锭旋转。

质量检查

在采棉作业中要注意检查采棉机的作业质量，主要指标：采净率≥93%；籽棉含杂率≤11%；撞落棉率≤2.5%；籽棉含水率增加值≤3%。

⑤在变速箱控制杆空挡位置时，慢慢推动液压控制杆，启动采棉头。

⑥调整方向盘到驾驶员舒适的位置，调整采棉头，使采棉头的分禾器对准棉株的行，采棉头的高度可以根据棉株的高度升高或降低。

⑦操纵变速箱控制杆，挂第一挡进行作业。

⑧当棉花接近前网堆积到搅龙的压板时，脚踏启动位于驾驶室地面的压实器搅龙开关，压实棉花，充分利用棉箱的容量。

⑨当棉箱装满棉花时，降低发动机转速到怠速状态，关闭采棉头和风机开关，倒车使采棉机运行到运棉车的位置，停车，按棉箱倾倒开关，将棉箱升起到最高，慢慢倾倒出棉花，启动输送链板，将棉花输送到运棉车里。卸棉后，按棉箱倾倒开关放下棉箱，使棉箱回到原位。

⑩当采棉结束后，停车，踩下驻车制动器踏板，使采棉机停到规定的位置。

3. 维护保养

(1)维护采棉摘锭和水刷盘

①摘锭的润滑　采棉时，摘锭高速运转，雾化器在水刷盘的上方不断喷出清洁液，液体通过水刷盘润滑摘锭，快速清除作物的污垢，并使摘锭保持光滑。

②清洁摘锭和水刷盘　经过一天采棉，摘锭和水刷盘上会挂满田间杂物、污物，每日保养时必须打开压力板，使用雾化器喷淋摘锭和水刷盘。

(2)检查润湿器柱高度

经常检查润湿器水刷盘磨损程度，如果磨损程度太大，就要调整润湿器柱。用扳手松开锁紧螺母，逆时针转动调节螺钉，减小润湿器柱的高度。

调整的目的是：使每一个润湿器水刷盘衬垫的所有翼片，都刚好接触到摘锭。

(3)采棉头加注润滑油

在驾驶室将采棉机发动,处于怠速状态,结合润滑开关,采棉头结合手柄推到工作位置,将液压手柄放到注油工作位置,这时下车到采棉头前取出注油手动按钮盒,按下按钮,润滑泵开始工作,给采棉头注油的同时采棉头也开始空转,观察采棉头的摘锭杆有没有油流出,采棉头摘锭杆一定要出油才可以下地工作。

(4)检查油位和液位

每日下地前检查油位和液位,做到及时加油、加液。

①查看机油油位　从发动机拔出机油尺,上面有两个刻线,标准油位应该在两刻线中间为最好。

②查看柴油油位　柴油的油位,以油表指针读数为准。

③查看液压油油位　液压油油箱上有个油标,油位保持在油标的 2/3 处为宜。

④查看冷却液液位　冷却液液位应保持在冷却水箱的 2/3 处。

(5)检查和清洁脱棉滚筒、吸入门的里面、清洁采棉头的内部、清洁机器散热器外表。

按照严格要求,每卸棉 3 次,就清洁一次为最好。

4.故障排除

(1)采棉指被缠绕的清除

①停止采棉头和风机的运动,将变速箱和液压控制杆放在空挡位置,踩下驻车制动器。

②检查溶液箱中是否有清洗液。

③用摇把松开采棉头的螺母,用扳手打开压力板,用刮刀刮除采棉摘锭上的缠绕杂物,直到完全清除干净为止。摘锭上缠绕物都是因为清洗液用量过少而导致的。

④调节湿润器柱的高度和位置。

⑤检查湿润器柱上的水刷盘,并清除上面的杂物。

(2)采棉头堵塞的处理

在田间采棉的过程中,出现采棉头堵塞的情况时,停机,掏干净采棉头里的一切杂物。

(二)提拔式棉秆收获机

提拔式棉秆收获机与小四轮拖拉机配套,可一次完成棉秆的拔出、成堆铺放,并能够局部清理土壤中的地膜,具有操作简单、维修方便等特点。4MG-2 型是常用的棉秆收获机,其主要技术参数见表 15。

表 15　4MG-2 型棉秆收获机主要技术参数

配套动力	12～18 马力 四轮拖拉机
收获行数	2 行
拔净率	≥95%
折断率	≤5%
工作效率	4～6 亩/小时
整机重量	105 千克
外形尺寸	1 150 毫米×1 250 毫米×750 毫米

1. 基本结构和功能

4MG-2 型提拔式棉秆收获机主要由锯型齿圆盘、机架、联接架、限深轮、分禾器、上下放铺滚、悬挂架等组成,如图 56 所示。

图 56　4MG-2 型棉秆收获机外形

工作过程:棉秆收获机在拖拉机的推动下,限深轮带动锯型齿圆盘旋转,圆盘上的三角刃槽把棉秆钳住,圆盘的旋转速度与拖拉机的行走速度形成差速,因而在拖拉机的推动下把棉秆拔出,如图 57 所示。拔下的棉秆在铺放滚处聚集,达到一定量时,通过铺放滚在拖拉机下向后传出,5～6 米自然成堆。

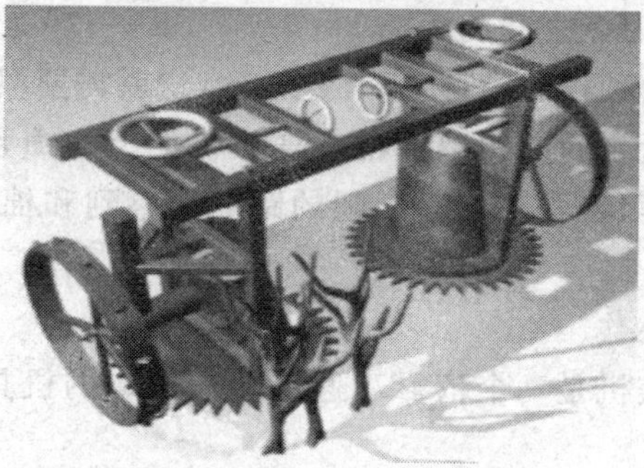

图 57　4MG-2 型棉秆收获机工作过程

2.使用调整

(1)调整刀盘的高度

当拖拉机和机器与地面水平时,刀盘离地面的高度为 10～13 厘米最合适,如图 58 所示。

图 58　刀盘与地面的高度

如果刀盘的位置过高，刀盘没有足够的力量将秸秆连根拔出，出现棉秆断根故障，通过调节手柄降低刀盘的位置，棉秆断根的故障即可解决。

松开机架上的紧固螺丝，用手转动机架上面的调节手柄，刀盘即可上下移动，当刀盘的位置调节好之后，再将紧固螺丝拧紧。

(2)调节刀盘之间的距离

在棉花的种植中，行距不一定一致，这就需要根据棉田的实际情况调节刀盘之间的距离。松开连接机架上的锁紧螺栓，旋转调整行距的手柄，将两个刀盘中间的距离调整到和棉秆之间的距离一致。

3.安全操作

棉秆收获机是一个依靠高速旋转来工作的机具，安全操作非常重要。

①棉秆收获机的操作人员要认真阅读使用说明书，掌握机器的性能之后，才能操作机器。

②棉秆收获机入地的时候要平稳，防止损伤刀具；转弯或倒车的时候，先把棉秆收获机升起来，然后再转弯或倒车。

③在作业时，如果听到有异常响声或发现有堵塞现象，一定要停下来，排除故障后，再继续作业。

④跟机观察人员要与棉秆收获机保持 1 米以上的安全距离，在棉秆收获机上有几处安全标识，这都是机器高速运转的地方，跟机人员不能用手触碰，以免发生危险。

⑤拖拉机带动机具在地头或小路上行走时，时速不能超过每小时 30 千米。

4.维护保养

(1)班次保养

每天工作之后，第一件事就是把棉秆收获机打扫干净，把夹杂在刀盘和机器缝隙里的杂草土块清除，用抹布把机器的里里外外擦拭干净。

因为棉秆儿收获机在作业中高速旋转，所以在每天工作之余，要对各个螺丝进行紧固，千万不要嫌麻烦。如果螺丝松动，再进行作业的时候机器就会出毛病。

每天工作之后，还要对轴承座等地方注足润滑油，使它们在工作的时候不会产生摩擦而发热。

(2)季节性保养

当一个季节的工作完成之后，除了紧固螺丝和加注润滑油，还有一项工作是非常重要的，那就是清洗齿轮和轴承。

齿轮和轴承必须用汽油来清洗，将齿轮和轴承拆下来，分别放到汽油中，用毛刷清除上面的污物。清洗之后，再按照原来的顺序装好。

把机器仔细保养好之后，找一个平坦的地方，用砖把地轮垫起来，为了防止风吹日晒，还要用塑料布把机器盖得严严实实。

七、花生收获机械

花生是我国的主要油料作物，花生收获经历了手拔、镢刨、犁耕和机收四个阶段。采用机械化方式收获花生，能够快速收获花生，减少花生脱落，缩短花生的收获日期，提高生产效率，保障花生品质。

（一）选型

花生收获机械主要有花生挖掘犁、花生挖掘机、花生摘果机和花生联合收获机，可根据种植面积、种植方式等具体情况选用合适的机型。

1. 花生挖掘犁

该机主要包括牵引架、机架和挖掘铲，有一些还带有少量除土栅条，其结构与通用犁十分相似。一般与小四轮拖拉机或手扶拖拉机配套使用，工作时就像铧式犁一样，挖掘犁内向翻土，将花生耕起。其结构简单，但不能很好地实现花生与土壤的分离，挖掘后还要由人工抖土，捡拾花生。

2. 花生挖掘机

花生挖掘机可一次完成挖掘、抖土、铺放等工序，较花生挖掘犁在功能上有了较大的提高，但仍需人工或机械捡拾、摘果，如图59所示。

花生收获机一般与相应功率的拖拉机配套，作业时，挖掘铲入土后，将10厘米厚的土层连同花生秧果全部铲起，经过挖掘铲后大提升杆时，抖掉了部分泥土；当花生秧蔓接近输送分离机构升运分离链时，被不断运动的分离爪挂住并提起，泥土在升运过程中被

图 59 花生挖掘机

抖掉,花生秧蔓被抛到机后,顺铺放滑条滑下,并被集中放在机组前进方向的左侧地面。

3. 花生摘果机

花生摘果机是将花生从花生秧上摘下的机械。摘果机结构比较简单,其主要由机架、喂入台、风扇、摘果滚筒、凹板、分离筛及传动部分组成,如图 60 所示。

花生摘果机均采用篦梳式摘果方式,工作时,带果花生秧蔓由人工喂人后,即被滚筒的钉齿撕碎,使花生果与秧蔓分离。在花生果与秧蔓从凹板空隙中漏下的过程中,大部分花生茎叶被风机吹出壳外,而重量较大的茎秆向机后排出,而花生果和较小茎秆从筛孔漏下,落入下筛进一步分离,小的茎秆和泥土漏下落入底部,花生果从下筛出果口流出。

4. 花生联合收获机

花生联合收获机可一次完成花生的挖掘、分离泥土以及摘果、清选等作业。目前,市场上比较走俏的是小型花生收获机,具有体积小、成本低,收获损失率低的优点,它采用抖动挖掘的方式,与农村常见的小四轮拖拉机配套,比较适合当前农村的特点。大型花生联合收获机适于大面积地块作业,但目前尚无成熟的机型,在短时间内不能替代小型花生收获机。

图 60　花生摘果机

(二)花生联合收获机

花生联合收获机主要有轮式花生联合收获机和履带式花生联合收获机两种。轮式花生联合收获机典型的机型是 4HB-2 型花生联合收获机,履带式花生联合收获机典型的机型是 4BHL-2 型花生联合收获机。

1. 轮式花生联合收获机

4HB-2 型花生联合收获机是一种轮式自走半喂入联合收获机,适应垄作或平作花生的联合收获作业,可以一次性实现花生的分禾、扶禾、挖掘、起拔、输送、去土、摘果(果秧分离)、清选(果土分离)和集箱(装袋)作业。主要技术参数见表 16。

(1)基本结构

4HB-2 型轮式花生联合收获机由机架、传动系统、升降系统、挖掘部分、碎土器、夹秧输送系统、摘果器、振动筛、横向输果器、提升器、集果箱等部件组成,如图 61 所示。

表 16 4HB-2 花生联合收获主要技术参数

产品型号	4HB-2
外形尺寸	3 970 毫米×1 800 毫米×2 070 毫米
整机重量	1 500 千克
配套动力	15.4 千瓦
收获行数	2 行
结构型式	悬挂式
挖掘深度	100～200 毫米
工作幅度	600 毫米
果箱容积	0.744 米³
生产效率	2～5 亩/小时
果实损失率	≤3%
破损率	≤1%
果实清洁率	≥95%
秸秧完整率	≥98%

图 61 4HB-2 型花生联合收获机

机组结构形式分左右结构，左边是驾驶台、动力和果仓，右边是收获系统的输送槽、摘果箱、振动筛和风机。轮式行走系统有两轮驱动和四轮驱动 2 种形式，适应各种土质的田间行走要求，轮式行走还具有转移速度快、维护简单等优点；半喂入的摘果方式消耗动力小、破碎率低、果秧完整；循环链条提升器结构新颖、不堵塞不缠绕、清选效果和提升效果好。

①传动系统　该机传动系统动力从配套四轮拖拉机变速箱左边的动力输出轴上获得。传动箱与拖拉机动力输出轴相连，改变动力传递方向后，通过万向节、传动轴与收获机后部的传动箱相连，收获机后部的传动箱将动力分成两组，一组直接传递到机器尾部的横向分离输送链；一组通过集果箱底部的横向中间轴传递到机器右后边的动力箱，这部分动力主要用来驱动配置在拖拉机右侧的夹持、输送、摘果机构。

②挖掘部分　挖掘主要由挖掘铲来完成，它的铲型犁刀的刀口形状与铲面弯曲，既不堵秧也不缠草，既能松土又不把花生翻起，挖掘铲前部的外侧有可调的限深轮，用来控制挖掘铲入土的深度。限深轮前部有分秧器，可利于对行。

③夹秧输送系统　如图62所示，夹秧输送系统位于拖拉机的右侧，是机器的主要工作部件。主要由类似分禾器的拢秧导向装置、由弹簧支撑夹紧的齿形链条夹秧器、对辊式摘果器、链条滑轨、排秧导向分离机构等组成。用来夹持、起拔花生植株，并把花

图62　夹秧输送系统

生秧排到机后。

④对辊式摘果器　如图 63 所示，对辊式摘果器主要由一对带有叶片的辊子组成，辊子由直径为 40 毫米的无缝管制成，表面沿轴向焊有四块高 60 毫米、厚 5 毫米的钢板。当花生秧的根部从两辊子中间通过时，花生果被钢板扫落。

图 63　对辊式摘果器

⑤振动筛　振动筛主要由鱼鳞筛箱、吊杆、偏心轴、连杆组成。振动筛的筛叶上带有弧形齿，筛叶之间的间隙可调，它的吊杆长度也可调，可以改变升角，主要用来进行果土分离。

⑥升降系统　此系统比较简单，主要利用拖拉机后悬挂液压升降系统的升降臂，配置花篮螺栓，定滑轮，钢丝绳等与前部升降支架上的拐臂连接，从而实现升降。

(2)工作过程

如图 64 所示，该机通过机架与拖拉机后部连接，升降支架与拖拉机前部连接，挖掘部分与夹秧输送系统等位于拖拉机的右侧。机组进入田间工作时，降下拖拉机液压升降机构，拖拉机的动力通过侧动力输出轴、离合器、万向联结轴等部件传递给该机的各部分，该机进入工作状态。

收获作业时，位于收割台前端子弹头一样的尖锥扶禾器首先

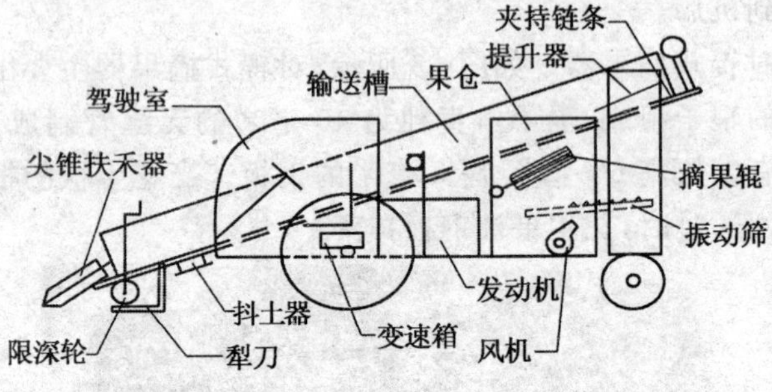

图 64　4HB-2 型花生联合收获机结构

把花生秧分开,并把倒伏的花生扶起引导向齿形夹持链条,随机组前行;位于扶禾器下部的挖掘铲将花生的主根切断,前低后高的夹持链条夹住花生秧由前部往后部输送,完成挖掘和起拔的过程。

花生秧离开地面后,两根平行的抖土杆作往复振动拍打花生秧结果部位上方,振落大块的泥土和夹杂的石块等杂物,完成花生秧出土后的第一次去杂清选。花生秧继续往后输送,进入由两根作相对转动、表面有摘果叶片的摘果辊组做成的半喂入摘果室完成果秧分离。

花生秧往后输送排入地里,由摘果辊摘下的花生果、草叶、细小薄膜、细小秸秆等杂物落到振动筛上,在振动筛和风机作用下,携带残留果实的小秸秆落到振动筛后面的杂物筐里,草叶和薄膜被吹出机外,剩余的果实和一部分泥土落到由循环旋转链条筛组成的提升器里面,将泥土过滤掉并将干净的果实提升到储果仓,储果仓是液压翻转卸果机构,也可以配备人工装袋方式。

(3)使用操作

收获时,先调整机组方向,使夹秧器前端的拢秧装置对准待收花生行,上下调整犁的深度,使之适合待收花生。然后,踩下拖拉机“离合”踏板,使传动齿轮箱的离合手柄置于“合”的状态,使机器由慢到快运转起来。确认机器运转正常时,降落夹秧器前端到正常工作状态，然后拖拉机挂上慢一挡开始正常收获作业。机器收获至地头，停止前进，升起夹秧器，使机器继续运转一段时间后，停机卸果或调头继续进行收获作业。

使用操作注意事项：

①土壤水分含量太高时，机器不应工作。

②为了提高花生收获机的作业效率，所以需要及时清理链条、链轮、振动筛、前轮上的杂物。

③安装好犁刀后，调整犁刀尖与夹持链条的距离，一般为18～21 厘米。切勿使夹秧器的前头离地面太近以免造成堵塞。

④停机时，应先踩下拖拉机的“离合”，然后使传动齿轮箱的离合手柄置于分离状态。

⑤入土深度和输送链升运角度的调整　通过改变地轮支架与纵梁连接孔位调整地轮相对于机架的高度，改变入土深度和输送链的升运角度。升高地轮入土深度增加，升运角度变小，反之入土深度变浅，升运角度变大。犁刀的入土深度一般为 10 厘米左右。

⑥输送链紧度调整　调整链条调整螺栓，改变链轮距离，张紧或调松输送链条，链条中间的伸展度一般为 4 厘米。链条过长时可将左右链条拆下相同的节数。

⑦机具作业时提升不宜过高以防万向节脱落，降落时不能过猛以免碰坏铲头。经常清理缠绕在输送链等部位的花生蔓和杂草。

(4)维护保养

①班次作业后的维护　花生收获机每班作业完成后，要清除收获机部件上的泥土，防止机具生锈，然后打开机罩，把各个部件上缠绕的杂草摘除，检查滚筒摘齿有松动和断齿现象，应及时紧固和更换，检查各部位螺栓有无松动，滚筒内有无木棍、石块等异物，如有松动应随时紧固，取出异物，清理空气滤清器和检查润滑油及冷却水情况。

②使用一周后的维护　要对万向节、轴承等加注黄油，并对其

他润滑点进行检查和补充。检查花生收获机皮带的磨损情况，如果磨损严重，要及时更换。

③每季作业后的维护　每季作业全部完成后，不仅要把机器全部清理干净，还要将三角带放松。各运转部位的轴承检查更换后，加足黄油。

④存放时的维护　要选择通风遮阳的地方，用砖或其他物品将机架垫起，使挖掘铲、限深轮离开地面，最后，用塑料布把花生收获机盖住。

(5)故障排除

花生联合收获机常见故障、产生原因和排除方法见表17。

表17　花生联合收获机常见故障、产生原因和排除方法

故障现象	主要原因	排除方法
收获器堵塞	1.夹持链上夹持了石块 2.扶禾器上缠绕了杂草	1.清除夹持链上的石块 2.清除扶禾器上的杂草
脱土不好	1.犁刀入土过深 2.摆动强度过小	1.调整犁刀入土深度 2.调整摆动强度
掉果多	挖掘铲提得太高	增加犁刀入土深度
提升器有异常响声	链条松动	调节链条紧度
夹秧器有异常响声	1.链条松动 2.上下夹秧器链片错位	1.调整链条紧度 2.重新安装链条
夹持器夹不住秸秧	链条夹持力不够	调整夹持链条的弹簧弹力
摘果不净	1.夹持输送位置偏高 2.收获方向偏离	1.调整限深轮的位置 2.调整收获行驶方向

2.履带式花生联合收获机

4HBL-2半喂入履带自走式花生联合收获机能较好的适应于我国花生种植农艺和生产特性的要求，对各类土壤墒情适应性好，沙壤土、半黏土、黑土地收获均能达到很好的效果。主要技术参数见表18。

表 18　4HBL-2 履带式花生联合收获机主要技术参数

产品型号	4HBL-2
外形尺寸	4 218 毫米×2 048 毫米×2 860 毫米
整机重量	2 000 千克
发动机功率	33 千瓦（全柴 N490L(DI)型）
履带	400 毫米×1 250 毫米
履带中心距离	920 毫米
变速方式	前进 2 档/后退 1 档/无级变速
收获行数	2 行
果箱容积	0.744 米^3
生产效率	2～4 亩/小时
果实损失率	≤2%
破损率	≤1%
果实清洁率	≥96%
摘果率	≥98%
设备可靠性系数	≥95%

4HBL-2 履带式花生联合收获机主要由机架和装在机架上的行走轮、铲刀、输送装置、脱果装置、振动装置、分捡装置、收集装置等组成，如图 65 所示。

该机特点：

①采用对辊差相组配式滚筒摘果机构，具有脱荚率高、未脱荚率少及破损率低等优点，非常适合我国花生鲜株花生脱荚作业。

②采用无级变速、液压转向、履带式行走装置、操纵简单、灵活。即使在雨后沙质土壤、田区仍可顺利进行收获作业。

③采用左侧前置式结构进行收获作业、视野宽广、一次同时收获两行、可适用于畦作或平畦栽培的田块。

④一次同时完成拔取、脱荚、清选及袋装等作业、整个作业过程仅需两人即可完成。

图 65　履带式花生联合收获机

⑤具备强制梳株、松土处理系统、拔株 99%以上、地下荚果残留率低于 1%。

⑥半喂入收获方式，秧蔓完整可利用。

⑦采用本机作业与人工收获方式相比，节省 94%以上工时及作业成本，并缓解农村劳动力不足，降低生产成本。

参考文献

1. 李宝筏. 农业机械学. 北京：中国农业出版社，2003.
2. 张新植，李岩，乔金友. 农业机械维护保养. 哈尔滨：黑龙江科学技术出版社，2008.
3. 黄允斌. 收获机械使用与维修. 北京：机械工业出版社，2010.
4. 路进乐. 常用农机具使用与维护. 石家庄：河北科学技术出版社，方圆电子音像出版社，2011.
5. 鲁植雄，彭卓敏. 玉米收割机常见故障诊断与排除. 北京：中国农业出版社，2011.

编写人员

主　编　霍朝忠　王志强

副主编　胡瑞兰　裴俊冰　贾永祥　李彦芳

一、山野菜产业现状及发展趋势

1. 什么叫山野菜？

山野菜是指生长在丘陵山地、草原、荒地等自然环境中，未经人工栽培，其根、茎、叶、花或果实等器官可作蔬菜食用的野生或半野生植物。除此之外，在耕地中被认为是杂草的许多可食用植物也被定义为山野菜。

2. 山野菜有什么特点？

(1)种类多、分布广　我国地域广阔，地形复杂，气候多样，跨越几个气候带，山野菜资源十分丰富。根据中国科学院植物研究所陈艺林、傅德志先生统计，全国可食用的野菜 1 822 种，常被零星采食的 100 多种，其分布范围很广。从南方的热带雨林到东北寒地，从平原到青藏高原，从东南沿海到西北沙漠；近到房前屋后，街旁路边，远到深山老林，荒地沼泽，凡是有植被的地方均有山野菜的存在，但每种山野菜因生态习性不同又有自己的分布范围，所以不同地区又有其特定的种类和数量，使得可食用野生植物资源往往带有区域性，形成某个地域的特色菜肴。

(2)生命力强、污染小　与一般的栽培蔬菜相比，山野菜生长在自然环境下，不受人工栽培条件的影响和干扰，很少受农药、化肥污染，在这样的环境条件下生长的野菜，是纯天然的蔬菜。即使在人工栽培条件下，也因其长期自然选择、繁殖、生长形成了极强的生命力，在生长过程中不需要大量的施用化肥、农药，保持了野菜的无污染、品质纯正的特点。

(3)营养丰富　山野菜除了和一般蔬菜一样富含人体必需的蛋白质、糖、脂肪、维生素、纤维素、无机盐和微量元素等营养物质外，许多山野菜的营养成分，特别是其中的胡萝卜素、维生素C、维生素B和矿物质元素含量比一般蔬菜高出许多倍(表1)。在《中国野菜图谱》一书中，所测定的234种野菜中，每100克鲜重含胡萝卜素高于5毫克的有88种，金花菜高达31.5毫克，山韭菜为14.1毫克，蒲公英和苋菜中含量高于7毫克；维生素C含量高于100毫克的有80种，如桔梗达到138毫克；维生素B_2含量高于0.15毫克的有87种，如河北大黄为1.17毫克，猪毛菜为1.16毫克；含钙量在200毫克以上的有43种，如蒌蒿高达730毫克，荠菜为420毫克，蒲公英216毫克；含铁量紫苏为23毫克，蒲公英为12.4毫克。许多山野菜中还含有大量人体所需要的各种氨基酸以及一般蔬菜没有的维生素B_6、维生素B_{12}、维生素D、维生素E和维生素K等。

表1　每100克鲜重普通蔬菜与山野菜的营养成分含量比较

类别	菜名	蛋白质(克)	脂肪(克)	总糖(克)	胡萝卜素(克)	维生素C(毫克)	磷P(毫克)	钙Ca(毫克)	铁Fe(毫克)
普通蔬菜	大白菜	1.2	0.1	2.0	0.10	31	28	40	0.8
	萝卜	0.8		6.2	0.02	27	34	53	0.6
	多种蔬菜平均	2.1	0.24		0.91	25			
山野菜	荠菜	5.3	0.4	6.0	3.20	55	73	420	6.3
	马齿苋	2.3	0.5	3.0	2.23	23	56	85	1.5
	蕨菜	1.7	0.5	—	1.84	32	48	22	2.6
	蒲公英	4.8	1.1	5.0	7.35	47	93	216	10.2
	苋菜	1.8	0.1	3.4	3.26	44	51	197	2.8

(4)医疗保健功能　山野菜具有较高的食疗保健作用，山野菜丰富的膳食纤维能刺激肠道蠕动，促进消化腺分泌，对糖尿病、肥胖症、高血压等多种疾病均有预防作用和辅助疗效。如蒲公英等

寒凉性野菜具有清热泻火、解毒平肝、利尿散结的功效，能缓解和治疗热性疾病；马齿苋对痢疾杆菌、伤寒杆菌、大肠杆菌有一定的抑制作用，被誉为“天然抗生素”，这是普通栽培蔬菜无法比拟的。因此，山野菜的开发与利用，不仅可丰富人们餐桌上的内容，且具有滋补和防病治病作用，是研制新型药品的原料库。

(5)风味、色彩独特　因叶绿素、叶黄素、胡萝卜素和番茄素等色素的含量不同，以及所含的苷和脂类等挥发性物质差别，使得很多山野菜具有各种鲜美的色彩和一般蔬菜无法比拟的特殊风味，令人赏心悦目，垂涎欲食。比如，荠菜的清香爽口，小根蒜的甘甜辛辣，香椿的独特香味等。

3. 山野菜怎样分类？

山野菜的分类方法很多，根据基本属性可以分为木本、草本、藤本和野生食用菌；按照生长环境可以分为水生和陆生；在山野菜的开发利用上，一般根据其食用器官将山野菜分为6类。

(1)叶菜类　指食用部位主要为叶片和嫩芽的山野菜，如蒲公英、荠菜、苦荬菜、马齿苋、香椿等。

(2)茎菜类　指食用部位主要为嫩茎(枝)的山野菜，如蕨菜、芦笋、马兰、水芹等。

(3)根菜类　指食用部位主要为根和地下根茎的山野菜，如桔梗、牛蒡、天门冬、魔芋等。

(4)花菜类　指食用部位主要为花、花蕾和花序的山野菜，如刺槐、玉兰、木槿等。

(5)果菜类　指食用部位主要为果实、种子和种皮的山野菜，食果类野菜较少，如榆钱。

(6)菌菜类　包括真菌和地衣。

4. 我国山野菜产业发展现状如何？

近些年来，我国山野菜生产发展很快，开发利用成绩斐然。由原来的农民自采自食或销售原料产品转向农民采集，工厂收购，精深加工，成批销售或出口，全国已建成几个山野菜出口加工基地。加工品的种类及方法也出现多样化、高档化，除传统的干制、腌制外，还开发罐制、盐渍、小菜制品、野菜汁和野菜保鲜品，仅黑龙江省现有的山野菜加工达 20 多项，全国生产山野菜罐头的厂家不少于 50 家，使得我国野菜有 10 余种出口到 20 多个国家和地区，每年为国家换取大量外汇。

随着市场需求量的增加，自然资源已经不能满足人们日益增长的“食野”量的要求，山野菜已由过去单纯采挖野生资源转向“野菜家种”，山野菜种植业悄然兴起，并迅速发展，人工栽培已在全国 20 多个省、自治区、直辖市成片地大面积发展，并得到地方政府和有关部门的大力支持。比如南京蔬菜局组织有关部门成立“南京市野菜家种协作组”开展协作攻关，通过集约化经营，已建成八卦洲、江心洲等多个生产基地，主要生产菊花脑、马兰、荠菜、苜蓿、马齿苋、香椿、枸杞头和蒌蒿等 8 种野菜，被称为“南京八野奇观”。伴随着人工种植面积迅速扩大，加工企业快速发展，出口创汇份额增加，一些山野菜品种还进入现代农业科技园区和观光园区，供人们观赏、采摘、品尝。但是我国山野菜资源在生产和开发方面还存在许多不足，表现在以下几个方面。

(1)采集不均衡，自然利用率低　由于采收技术不合理，缺乏统一管理，使得一方面传统野菜种类在传统采集区过度采集，面临自然资源匮乏的问题，如蕨菜、发菜的采集；另一方面有些地区还处于自采自食阶段，大量野菜有待开发，特别是经济比较落后的边远山区、少数民族居住地区。另外，山野菜的自然利用率低，在 1 000 多个种类中，人们零星采食的只有 100 多种，进行商品生产更少，只占 7%左右，多数种类被埋没在深山老林中，鲜为人知。这样不仅大大浪费了资源，而且对生态环境造成了严重破坏。

(2)利用率和开发程度较低　我国的山野菜资源丰富，但对山野菜的深加工技术开发不足，多数种类的利用仅停留在群众采食阶段，没有形成系列产品，致使许多药用和保健价值得不到实现。

(3)加工制品种类少、档次低，加工技术落后 我国山野菜加工有相当一部分属于家庭作坊式生产，生产规模较小，仍主要以干制、腌制加工为主，且没有经过深度加工，种类和数量不稳定，质量得不到保证，因而影响了出口创汇和生产的积极性。

(4)基础研究不足 目前，从事山野菜开发利用研究的科技人员匮乏，致使许多珍稀的山野菜得不到保护和驯化，难以大面积栽培；缺乏对山野菜的形态结构、营养成分和生理活性物质等方面的研究，使很多山野菜的安全性未能确定，如小蓟(刺儿菜)含生物碱类等物质，常食可致人体脾胃虚寒、血癖，过量则会中毒。这将影响资源的合理利用，降低其开发利用的广度和深度。

虽然现在人们对山野菜的价值有了重新的认识，也有了一定的需求，但是目前在国内还未形成良性的市场，人们对山野菜的认识还不够，大多数人认识的山野菜品种不多，而市场上也难觅山野菜芳踪。国内也有人工栽培山野菜的情况，但是都是小规模零星种植，培育品种有限，管理也存在一定问题。目前，国内一部分山野菜除供应国内市场，也出口到日本、韩国等。

5.我国山野菜产业发展前景如何？

山野菜具有独特的发展优势。首先，选用当地的品种，适宜当地的气候、温湿度、土壤等自然条件，人工栽植时没有地域差别；山野菜对生长条件要求不高，可利用林缘或林下空地等进行种植；山野菜是多年生植物，自身繁育能力强，一次性种植可以持续利用。因此，开发种植山野菜投资少，风险小，种植简单，生产成本低。

其次，山野菜生长地域广阔，土壤、空气质量好，未受到有害物质的污染，具备了“鲜嫩、清醇、绿色、芳香、野味”等特点，且大多山野菜营养价值高于普通蔬菜，大部分山野菜还具有极高的药用价值和保健作用，几乎成为了人们的理想食品。山野菜因此也渐渐出入高级宾馆、餐厅，其身价竟与山珍海味媲美，食用山野菜已成为都市人们的时尚之选。随着经济的发展,人们生活水平的提高,围绕饮食和健康的因果关系,逐渐意识到吃得好的含义是吃得科学、吃得合理,自然而然人们吃了“细”还想“粗”,食了“甜”又思“苦”。食野新潮亦逐渐流行起来,成为现代都市人渴求“回归自然”的“野味”食品,越来越受到人们的青睐,山野菜消费热在国内外悄然兴起。目前,人们对山野菜的需求与日俱增,市场上仅有的山野菜产品成了抢手货,价格不断上扬。据山野菜种植户介绍,种山野菜的经济效益是种普通叶菜类蔬菜的2倍,且山野菜产量高。目前,柳蒿芽售价为16.0～20.0元/千克,蒲公英则为6.0～8.0元/千克,野生的荠菜3.0～5.0元/千克。经深加工的山野菜,经济效益更加可观。我国山野菜不仅在国内市场的需求量巨大,而且也备受国外客商的青睐,年需求量一般为200万吨,出口到日本、韩国、欧洲、东南亚等国家及中国香港、台湾地区。因此,山野菜具有相当大的商业开发价值,市场潜力巨大,前景十分广阔。

二、山野菜的采集、利用

6. 如何把握山野菜的采集时期?

山野菜的营养成分是其营养人体和治疗疾病的物质基础，这种物质基础的量和质，受到山野菜的采收季节和时间的影响。素有当季是菜，过季是草的说法。如菊科植物茵陈蒿，常在春季幼苗期茎秆未抽生前采收，是一种具有清热解毒、护肝利胆功能的山野菜，如果到夏季茎秆抽出就叫茵陈蒿，没有什么价值了，所以有“三月茵陈，四月蒿，五月以后当柴烧”(华北地区)的说法。因此，在适宜的季节、时间以及成熟度采集山野菜，是保证其质量的重要环节。

山野菜的种类不同，生长时期不同，食用部位不同，加工要求不同，采集的时期也不同。适时采收能保证山野菜质量好、数量多、营养和商品价值高。一般山野菜的采收时期应当把握以下几点。

(1)应季节　每种山野菜都有一个最佳的采收季节，比如荠菜以食用基生嫩叶为最佳，五一以后随着温度的升高往往抽生花茎而影响食用质量。山韭菜食用嫩叶应当在春季采收，食用韭薹应当在 7 月份采收，采收韭花应当在 8 月份。一般食用茎叶部位的山野菜，应在幼苗出土不久、茎叶嫩绿的春季采集。食用花的山野菜，要在花朵欲开未开或刚张开时的春、夏季采集。食用果实的山野菜，多在果实成熟的秋季采集，少数在果实未熟时采集。食用根(块根、块茎、鳞茎、根茎等)的山野菜，应当在秋、冬季采集。

(2)应生长时节　在山野菜整个生长过程中，只有某个时期的某个器官是可以食用或是营养、药用的最佳时期，把握好这个时期采收，是保证其食用价值或菜用质量的关键。比如蕨菜只有在地上茎生长到叶片出现，但未展开时采收最好，叶片展开后茎就木质化，失去食用价值。刺嫩芽是楤木在春季已经萌发的嫩芽作为蔬菜食用，长枝展叶后就不能作为蔬菜了。

(3)应成熟度　山野菜的食用成熟通常以其食用器官长到可食用的大小，表现一定的形状、色泽，具有一定的风味，散发出应有的香气，并有较高的营养价值时就算成熟，即可采收。

(4)应商品要求采收　一般用于外地销售、贮藏或加工的山野菜为了避免达到消费者手中、贮藏后和到达加工车间时因过熟而腐烂，应在食用成熟前采收，每种蔬菜针对每种用途都有各自的采收标准，按标准要求在适当的时期采收即可。

7. 采集山野菜的方法及注意事项是什么？

采收的标准关键是适合消费者的需要。作为商品生产的山野菜为确保产品的质量，要适时按照商品菜的成熟度、大小标准要求择优、分类采收，不能过大、过小、过嫩、过老。不合规格的野菜，不仅营养价值低，而且不受消费者欢迎，销售速度慢，还可能由于腐烂、变质等而造成损失。

(1)掌握识别山野菜的能力　我国地域辽阔，植物种类丰富。有不少植物的外形特征非常相似，却是两种完全不同的植物，一种可能有剧毒，不能食；另一种无毒，可食。而且，同一种山野菜在不同地方会有不同的俗名，不同种类的山野菜又往往有同一个俗名，若仅凭听说的俗名去采集，也很容易采错。不认识的山野菜一定不要采。

(2)适时采集，掌握最佳采集时期　以免过季、过时采集降低山野菜的食用、营养和商品价值。

(3)选择适宜采集的地点　山野菜一般来说受污染少，可以放心采集。但是，山野菜的生长环境也有被污染的可能。所以，采集山野菜必须懂得选择适宜的地点。工厂附近有废气、污水、烟尘污染，公路两边有汽车尾气污染，医院周围有病菌污染，垃圾场周围受污水、细菌污染，喷施农药不久的林地和园地受农药污染等。采集山野菜不能选择这些地方，应该到没有工厂、医院、垃圾场、不施农药，离开公路的地方去采集。

(4)重视保护资源，适度采集　采集山野菜时要注意保护野生资源，掌握采大留小，采梢留根，采多留少(生长数量多的地方多采，生长数量少的地方少采)的原则，避免毁灭性采集，以利于保持资源的可再生性，达到永续利用之目的。采集根部的山野菜，在采集后将土填回，使其能够再生。不采集属于国家保护植物的种类和珍稀濒危种类，以免违法犯罪。

(5)按照规格、择优采收　为保证山野菜产品的质量，要选择长势好、粗壮、鲜嫩、无病虫害的植株，特别是加工出口菜应严格按照外贸出口规格采收。过大、过小都会影响品质和商品价值。

(6)使用合适工具　盛装山野菜的工具用竹、木编制的篮、筐、篓，底下铺一层青草，装满后，上面盖一层青草。这样通风透气，蔬菜不易老化、萎蔫、变质。忌用不透气器具装盛，因菜受焐会很快老化、变质。

(7)分类存放，及时加工　不同种类的山野菜不要混在一起，要将同一种类的山野菜及时归拢，及时扎把。不宜扎把的山野菜用纸卷在一起或用纸袋装起，及时入筐。当日采收当日加工，存放过久会使菜体老化变质，品质下降。

8. 山野菜怎样进行保鲜贮藏？

山野菜采摘后，直到加工或食用前，体内各种生理活动如呼吸、蒸腾等仍在进行，贮藏方法不当，很快会发生萎蔫变软、失绿、脆性下降并纤维化等变质现象，严重影响其商品价值。要控制其新鲜度、硬度的急剧下降，保持应有的色、香、味，延缓衰老过程，延长货架期，必须根据山野菜的采后生理变化，结合生产自然条件，采用相应的保鲜贮藏方法。

(1)冻藏　冻藏是利用自然低温，使山野菜处于微冻状态下而进行贮藏的一种方式，多用于耐寒菜的贮藏，如荠菜、蒲公英、面条菜等。冻藏在入冬之前选地势较高、排水良好、土质黏重、保水力较强的地块开挖贮藏沟，沟开东西走向，一般宽1～1.2米，过宽则增大气温的影响，减少土壤的保温作用，难以保持沟内的稳定低温，沟的深度比所藏山野菜稍深即可，长度视贮藏量而定。挖沟时将表层熟土放在沟的南侧，起遮阴作用，利用土堆遮阴，尽可能增加其高度，不需附加材料，在贮藏的前、中期可起到良好的降温和保持恒温的效果；生土层较洁净，杂菌少，放在北侧，用于覆盖山野菜。冬季储藏的山野菜，要选择无病虫害、无黄叶的健康植株，连根撬起，捆成小捆，根朝下，依次排放沟内，覆一层草苫或湿土，以后随温度下降逐层覆土，并在此期间进行抽样检查，防止山野菜发热腐烂(图1)。

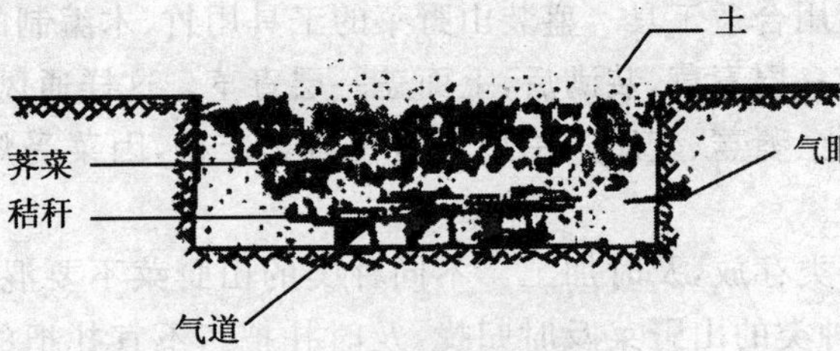

图1　贮藏沟冻藏

(2)窖藏　窖藏在地面以下，窖藏保鲜山野菜是通过一方面利用土地的隔热保温性以及窖体的密封性保持稳定的温度和较高的湿度，同时又可利用简单的通风设备来调节窖内的温度与湿度，以达到较适宜山野菜贮藏环境条件。

窖的形式多样，有棚窖(图2)、井窖(图3)、窑窖(图4)等。

窖藏管理：山野菜入窖前1周，要彻底消毒。消毒的方法可用

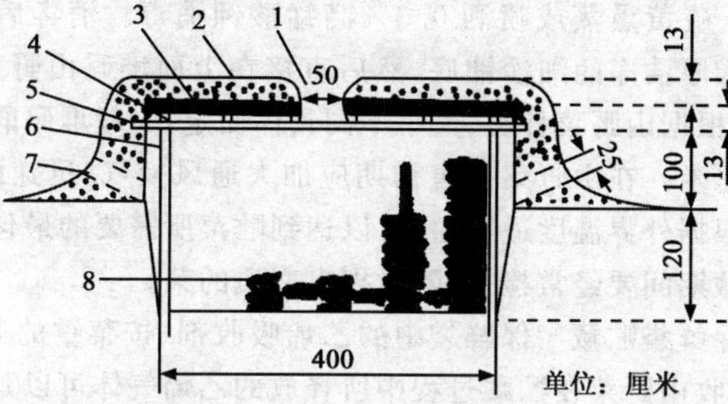

1. 天窗；2. 覆土；3. 秸秆；4. 枕木；5. 横梁；6. 支柱；7. 气孔；8. 菜

图 2　棚窖(半地下式)

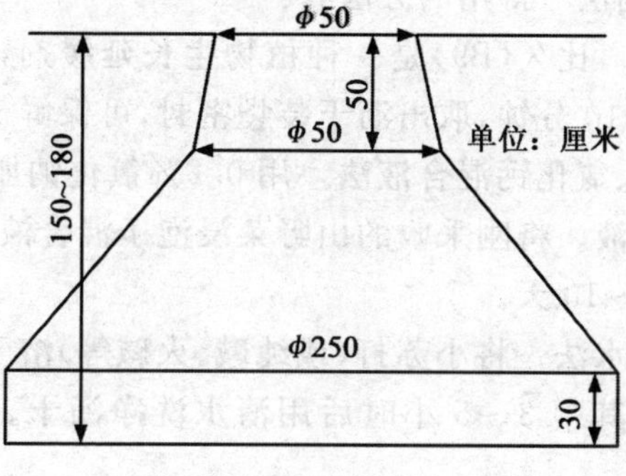

图 3　井窖

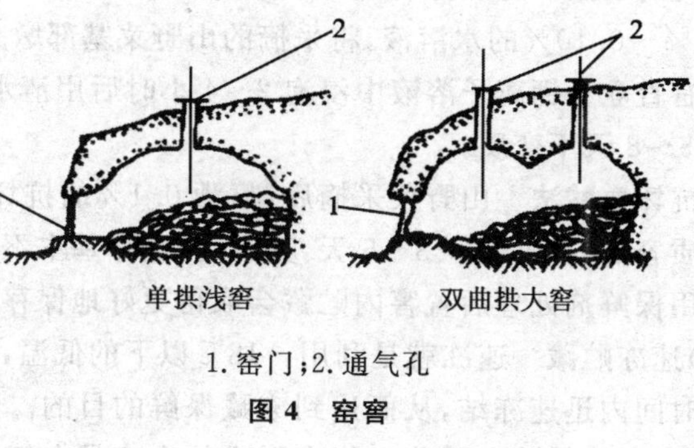

单拱浅窖　　双曲拱大窖

1. 窑门；2. 通气孔

图 4　窑窖

10 克/米^2 硫黄熏蒸或喷洒 0.3%高锰酸钾消毒。消毒后的空窖用 10 厘米厚洁净的细沙铺底，然后直接在上面堆码山野菜，堆码的高度要根据山野菜种类、大小不同具体而定，一般堆码的高度不超过 60 厘米。在山野菜入窖初期应加大通风换气，迅速降温；贮藏中期，根据外界温度适当通风，以达到贮菜所需要的最佳温湿度为好，贮藏期间要经常检查，随时剔出变质的菜。

(3)保鲜袋贮藏　保鲜袋中的乙烯吸收剂(按菜重的 0.1%～0.2%)吸收山野菜在贮藏过程中所释放的乙烯气体可以延缓后熟和衰老，有利于贮存。可将装袋的山野菜存放在地窖或通风库，随需随取。

(4)保鲜剂法　常用的方法有：

①比久法　比久(B9)是一种植物生长延缓剂，用 0.1%的比久水溶液浸泡 10 分钟，取出沥干装袋密封，可保鲜 15 天以上。

②氯化钠、氯化钙混合液法　用 0.2%氯化钠加 0.1%氯化钙制成混合浸泡液。将刚采收的山野菜浸泡于混合液中 30 分钟，保鲜时间可达 5～10 天。

③小苏打水法　将小苏打(或纯碱、火碱等)溶于清水中，然后将山野菜浸泡其中 3～5 小时后用清水洗净沥干。可抑制失绿、保鲜。

④钙离子法　将氯化钙(碳酸钙、明矾亦可)溶于清水中配制成 0.05%～0.10%的水溶液，将采摘的山野菜基部墩齐，将下部 5 厘米左右直立于钙离子溶液中浸泡 2～4 小时后用清水清洗沥干，可保鲜 5～8 天不变质。

⑤抗坏血酸法　山野菜采摘后，喷洒 0.1%的抗坏血酸液，装入非铁质容器内，可保鲜 3～5 天，其鲜度、色泽基本不变。

应用保鲜剂处理后置窖内贮藏会取得更好地保存效果。

(5)速冻贮藏　速冻就是利用-18℃以下的低温，使山野菜在极短的时间内迅速冻结，从而达到冻藏保鲜的目的。速冻保鲜的原理是：快速冻结使山野菜组织中形成的小冰晶在细胞内和细胞间隙中均匀分布，细胞不受伤或破坏，保持完整。山野菜汁液形成冰晶后，抑制了沾污在山野菜上的细菌、霉菌等微生物的生命活动。低温降低了山野菜自身的呼吸强度，也抑制了山野菜内酶的活动。

速冻保鲜贮藏的操作要点：

①原料选择、处理　选择幼嫩、新鲜、粗壮无虫蛀、符合成品菜标准要求的山野菜，摘除枯黄、烂叶、杂质等清洗干净。

②漂烫、冲洗　在浓度为0.2%的葡萄糖酸锌沸水溶液中漂烫。漂烫后以山野菜组织柔软而不烂为度，必要时可加入0.5%柠檬酸调节pH至6.0。漂烫后快速用冷水冲洗冷却至室温。

③整理、分装、沥水　冷却后的山野菜去掉茎条下部较老的部分，还应去净叶上鳞毛并洗净表面黏液，按规格、重量整齐码入底部带小孔的冷冻盘内，沥干水分。

④预冷、冻结　野菜带盘预冷至0℃，再放入－30℃速冻机内凝结至山野菜中心温度达－18℃。

⑤挂冰衣　冻结成块的山野菜从盘中磕出，放入10℃水中稍浸，使表面挂上一层薄而均匀的冰衣。

⑥包装、贮藏　用聚乙烯袋装袋、封口、装箱，立即送入冷藏库贮藏。冷库温度保持在－18℃、湿度为95%～100%的条件。

9.什么叫气调保鲜贮藏？主要有哪几种方法？

气调保鲜贮藏就是人为地控制或改变贮藏环境中的气体成分（降低氧气浓度和提高二氧化碳浓度）的贮藏方式称为气调贮藏。不同的蔬菜对气体的敏感程度不同，要求的氧气和二氧化碳配比也不一样。由于气调贮藏的成本较高，操作管理的难度也比较大，因此，应该选择那些适合长期贮藏或经济价值高的山野菜进行气调贮藏。

气调贮藏方法有气调库、塑料薄膜帐、塑料袋和硅窗塑料袋等。在我国，由于气调库贮藏尚未普及，常采用限制性气调贮藏，其中薄膜包装最为常用。塑料薄膜气调贮藏法在常温贮存窖或低温贮藏库内均可进行，用塑料薄膜做成罩子或袋子，将山野菜密闭在其中，用普通氮气来降低密闭容器内的氧气含量，并在罩内放生石灰、水、碱液等调节二氧化碳，用抽气泵或低压风机排换容器里的气体，每天用气体分析仪测定容器内的氧气和二氧化碳的含量，将其调至所要求的指标范围。

10. 山野菜怎样干制加工？

减少山野菜的含水量，降低水分活性，提高原料中可溶性固形物含量，使微生物难以生存，同时抑制山野菜体内酶的活性，以此来保存山野菜的加工方法称为山野菜的干制。干制可分为自然干制和人工干制两类。

(1)自然干制　自然干制包括晒干、晾干或风干。原料直接受日光暴晒的加工方式称为晒干；在通风良好的室内或阴棚下进行干燥的方式称为晾干或风干。自然干制不需要特殊设备，可随时就地加工，有晒场、竹席等即可，家家户户都可以采用。但受外部环境条件影响较大，卫生条件也较差。

凡不具异味、苦味或容易失水的山野菜，采下的嫩茎、叶，可直接晒成干菜或阴凉成干菜。

(2)人工干制　人工干制是在人工控制的条件下使山野菜水分蒸发，达到脱水干燥的方法。人工干制不受气候条件的限制，干燥速度快，制品质量好。但设备投资大，成本高。人工干制包括热风干制、冷冻真空干制、微波干制、膨化干制、红外线及远红外线干制等。冷冻真空脱水法是在真空状态下，利用冰晶升华的原理，使预先冻结的蔬菜水分不经融化，直接以冰态升华为水蒸气被除去，从而使蔬菜干燥。该方法是当前一种先进的蔬菜脱水干制法，产品既可保留新鲜蔬菜原有的色、香、味、形，又具有理想的快速复水性。蔬菜脱水干制应用比较多的是热风干燥脱水。常见设备有烘灶及烘房，或微波炉、烤箱等。

山野菜人工干制的操作要点：

①原料选择、处理　选择鲜嫩、无病虫的山野菜，用流动清水洗去杂质，沥干，放入0.2%～0.5%的柠檬酸及0.2%焦亚硫酸钠混合液中煮5分钟，灭酶、护色、杀菌，再用流动清水冲洗冷却，去掉鳞毛和黏液。

②烘烤干燥　烘烤干燥前期温度45～50℃，后期温度以60℃为宜。烘烤时应通风、排湿、降低相对湿度以利于干燥进行。干燥过程中，随时倒换烘盘位置，并注意翻动原料，以获得干燥程度均匀的产品。干燥初期，不宜采取过高的温度，否则会造成"结壳"现象，外干内湿，反而影响内部水分散发。

③回软、分级　出烘房的山野菜转入密闭的室内或容器内进行回软1～3天，使原料含水量一致，质地稍显疲软，然后按产品色泽、长度分级。

④压块　按照产品级别和包装的要求，采用人工或机器压块。压块机压力一般为70千克/厘米^{2}左右。如易引起破碎，在压块前可喷适宜热蒸汽。

⑤防虫处理　干制品易遭虫害，压块前可用溴代甲烷熏蒸杀虫。使用的杀虫剂其残留量不得超过国家标准。

⑥包装、储藏　用聚乙烯塑料袋装袋、密封、装箱，储藏于温度2～10℃、相对湿度65%以下的库房中，避光保存。

山野菜的种类繁多，大多数产品没有国家统一制定的产品标准，生产企业可参照有关国家标准就感官、理化和微生物等指标制定企业产品标准。通常外观要求整齐、均匀、无碎屑；色泽与鲜菜相近，并且均匀；风味应具有鲜菜的气味和滋味，无异味。理化指标主要是含水量，一般要求在5%～10%。微生物指标一般要求不得检出致病菌即可。干制品的保质期一般为6个月以上。

11. 山野菜怎样盐渍加工？

大多数山野菜水分含量比较高，采收后不管哪种保鲜贮藏方法都不能长久贮藏。盐渍处理的山野菜，既便于运输和存放，又能基本上保持野菜鲜食的营养价值，食用时经过脱盐处理，就可制成美味可口的小菜或做配料烹饪成菜肴，或成为成品规模生产的原料。

(1)盐渍工艺流程　选料→清洗→晾晒→盐渍→倒池→封池→成品。

(2)盐渍的工具　由于山野菜大多富含单宁，遇铁后会变褐变黑，同时盐对铁器也有腐蚀作用，所以，在盐渍加工时都要避免使用铁质器具，可用陶瓷、搪瓷玻璃制品，也可用木桶、水泥池等。

(3)制作过程　山野菜的盐渍加工方法通常采用两次盐渍法制作。

第一次盐渍：总的原则是用盐量偏多，通常为野菜量的20%～30%。具体用盐量还要根据季节、山野菜质地的差异而进行适当调整。通常春夏季用盐宜多些，秋冬则可少一些；质地柔嫩的用盐量可少些，质地坚硬、粗大难腌的用盐量宜多一些。盐渍时，把缸彻底洗净，先在缸底平铺一层盐，约2厘米厚，然后摆一层野菜加一层盐。放盐量逐渐加厚，直到缸满为止，上面再铺2厘米厚的盐把野菜盖严，再用木盖等盖好，压上重石。经过1～2天后，菜体内水分渗出，盐粒溶解，重石开始下降。当腌至10天左右，即重石不再下降时，表明第一次腌渍已经完成。

第二次盐渍：这次盐渍用盐量通常为山野菜量的10%～15%，并另备适量的饱和食盐水，饱和食盐水以水和盐的比例为100∶37为宜。盐渍时，要将第一次腌渍时摆在上面的山野菜放到底下，装缸方法与第一次相同。不过这次盐渍装好缸后，要用饱和盐水灌满缸，然后再盖上盖子，并压上重石。经过10～15天即可腌好。

渍后保存：腌渍好的山野菜应放置于阴凉处。如果温度过高或渍液盐浓度低于20%时易变质。在长期贮存过程中，如果渍液表面浮起泡沫，应及时更换渍液。

12. 山野菜怎么罐藏加工？

食品的罐藏是将经过一定处理的食品装入镀锡板罐、玻璃罐或其他包装容器中，经密封杀菌，使罐内食品与外界隔绝而不再被微生物污染，同时又使罐内绝大部分微生物死灭并使酶失活，从而消除了引起食品变败因素，获得在室温下长期贮存的保藏方法。山野菜的罐藏操作要点：

（1）原料分选、处理　选择新鲜、幼嫩、无损伤、无腐烂、无病虫的山野菜，用流动清水洗去杂质，沥干，整条。

（2）烫漂与护色　山野菜一般以烫漂处理护色，烫漂处理主要是为了破坏其酶系统，减少褐变；去除野菜的部分苦味，改善口感。产业化加工一般采用机械漂烫，原料与漂烫液比例为1∶3，烫漂实际时间控制在1～2分钟。

（3）装罐、加汤汁　原料按级别装入500克罐中。汤汁含柠檬酸0.15%、食盐1%、氯化钙0.1%。汤汁经煮沸过滤，温度在80℃以上时入罐。

（4）排气、密封　进行热排气，当中心温度为80℃以上时密封。

（5）杀菌、冷却　杀菌温度为100℃，分段冷却至37℃。

（6）检验、成品　成品送入25～28℃保温库中保温5～7天，在此期间进行抽检，剔除不合格产品。保温后抽样做细菌及理化指标检验，合格后贴标签、装箱、入库。

13. 怎样制作山野菜软罐头？

（1）工艺流程　山野菜嫩茎叶→清洗→护色→保脆、腌制→脱盐→压榨、脱水→调味、装袋→真空封口→冷却→检验。

（2）工艺要点

①原料选择、清洗及护色　采集鲜嫩的山野菜，剔除老熟花薹、枯萎茎叶及病叶，切除老根，株形基本整齐一致。然后用流动

水冲洗，洗去泥沙等杂质，经修整后沥干水分。常温放入护色液中浸泡至液面形成乳沫时取出，立即用流动的水将残留护色液洗净、沥干。

②保脆、脱盐及压榨脱水　将洗净沥干的山野菜投入保脆液中煮沸 3～5 秒后，快速以流动的水冷却，飘除酸味，冷透，使其脆嫩。再加入原料量 15%～20%的食盐腌制脱水。在容器中铺一层菜，撒一层盐，重复若干次，层层压实，直至装满。封口前再撒一层盐，密封。每天翻缸一次，腌制均匀，不发热，7 天后用石块压紧。腌渍 25～30 天。

采用直接清洗脱盐法，保持含盐量在 5%～8%，压榨去除山野菜中的部分水分，含水量在 80%以下。

③调味及装袋　每 100 千克山野菜，加白糖 1.3 千克、食盐 0.8 千克、白胡椒粉 58 克、味精 150 克、防腐剂适量，混匀后加入菜中反复拌匀。装袋。

④真空封口及杀菌　封口后立即杀菌，山野菜软包装罐头的杀菌处理是生产的关键步骤。采用 121℃的高温杀菌处理，杀菌时间 15 分钟，杀菌完成后立即冷却到 35～38℃，置于 37℃保温库内贮存 7 天，检验合格后即可得到成品。

14. 山野菜有哪些精深加工途径？

精深加工是现代山野菜食品加工的发展方向，是提高山野菜产业附加值的主要途径，山野菜的深加工主要有菜汁加工、制茶、脆片、颗粒、色素提取、活性成分提取和淀粉、纤维素的利用等。其中菜汁可用于加工饮料、混合蔬菜汁等，蔬菜粉可用于制造复合蔬菜粉、蔬菜面包、蔬菜蛋糕等。

三、山野菜引种、驯化、栽培

15. 山野菜人工栽培有何意义？

由于人们对山野菜的需求与日俱增，有限的野生资源不能满足市场的需求，价格不断上扬。过量采集野生资源易破坏生态环境，导致资源匮乏，甚至水土流失。另外，自然生长的山野菜季节性强，单纯依靠野生山野菜自然资源进行开发，也不能保证常年时鲜供应。采取人工驯化栽培，对充分开发利用山野菜资源，对濒危山野菜品种确保资源的永续利用有重要意义，而且具有很好的经济和社会效益。

（1）有利于调整农业产业结构，增加农民收入　传统的农产品尽管通过改变种植方式使得单位土地面积的生产表现出了一定的竞争优势，但是我国经过 30 年的农业产业结构调整，已有的产品单靠改变种植方式很难再有大的突破。人们逐渐认识到新品种的改进是提高农业效益的重要途径。合理开发利用山野菜，可以丰富农产品种类，而且因其具有较高的营养、食用以及药用价值和较强的抗逆性和适应性，有利于生产无公害产品，被越来越多的人喜爱。目前，市场上山野菜产品供不应求，销售价格逐渐升高。因此，开发种植山野菜投资小、风险小，可以增加单位土地面积的收入，具有较高的经济效益。

（2）有利于丰富菜篮子　尽管反季节蔬菜的生产几乎消除了蔬菜供应的淡季，但在蔬菜种类、品种和质量上还不能满足人们的需求。我国丰富的山野菜资源是大自然赐给人们的营养宝库，合理开发利用，可以更加丰富蔬菜的种类，满足人们“食野”愿望，调节人们的口味。

(3)有利于提供无公害产品　山野菜因长期生长在自然环境下,经受了自然的选择,形成了较强的生命力和抗逆性,自然生长非常旺盛,产量高,病虫害很少发生。人工驯化栽培可以几乎不施用农药和化肥,基本可以解决困扰人们生产无公害蔬菜,农药化肥使用的难题,如果生产环境选择得当,就可生产无公害的绿色蔬菜。这正是当今的人们所追求的理想无公害食品。

(4)有利于培育蔬菜新品种　山野菜蕴藏着许多有特色的优良基因,是天然的基因库,是蔬菜育种宝贵种植资源库。通过山野菜之间以及与栽培蔬菜之间的转基因和杂交可以形成优秀的基因组合,培育新的优良蔬菜品种。

16.山野菜如何引种驯化栽培?

引种驯化就是按照一定的程序和方法,经过适应性试验,把所引进的品种进行适应性种植,使其能够在当地生产上应用。从外地引进新优种类或品种是丰富当地品种资源、补充品种类型的重要途径。为了确保引种成功,获得优质高产的产品和良好的经济效益,引种时需遵循以下原则:

(1)原产地与引种地生态环境尽可能相近原则　因为一种植物长期生长在一定的生态地区范围内,多年的自然和人工选择,形成与该地区生态环境的适应性。所以,引种时尽可能在纬度和海拔相近,温度的高低和日照的长短相差不大,生态条件也相近地区间进行,以增大引种的成功机率。

(2)分步迁移种植原则　对原产地与引种地生态环境有差别的,但确有好品种或好资源需要引进的,就须按照逐渐迁移种植的原则,按一定距离逐步向引种地迁徙,让其不断适应当地生态环境。一般一次迁移不超过500千米。

(3)市场需求原则　山野菜的食用虽然有悠久的历史,但还是一种正在被人们逐渐熟悉和接受的蔬菜,栽培生产应与市场相适应。应该有重点的少量引种，进行宣传来引导消费，根据市场的需求不断调整栽培面积，做到以销定产，循序渐进。

(4)择优驯化的原则　在我们引种选育山野菜品种时，应留意选择性状较优良的单株或群体，如口感香甜的，抗病性强的，或生长期短、产量高的，将其培育成人们喜爱的栽培蔬菜新品种。

(5)严格植物检疫的原则　为防止危害植物的危险性病、虫、杂草传播蔓延，确保农业生产安全，引种驯化必须遵照国家《植物检疫条例》的有关规定，严格检疫。如果原产地有检疫对象，即使品种再好，引种地再怎样缺乏这种种质资源，也不能盲目引进驯化，以免危险性病、虫、杂草被引进当地，造成危害。

17. 山野菜与绿色食品蔬菜的关系是什么？

"绿色食品蔬菜"是绿色食品的一种。绿色食品概念是我国提出的，系指遵循可持续发展原则，按照特定生产方式生产，经专门机构认定，许可使用绿色食品标志的，无污染的安全、优质、营养类食品。

绿色食品分 AA 级和 A 级。AA 级绿色食品系指生产地的环境质量符合 NY/T 391(绿色食品　产地环境技术条件)的要求，生产过程中不使用化学合成的肥料、农药、兽药、饲料添加剂、食品添加剂和其他有害于环境和身体健康的物质，产品质量符合绿色食品产品标准，经专门机构认定，许可使用 AA 级绿色食品标志的产品。A 级绿色食品系指生产地的环境质量符合 NY/T 391(绿色食品　产地环境技术条件)要求，生产过程中严格按照绿色食品生产资料使用准则和生产操作规程要求，限量使用限定的化学合成生产资料，产品质量符合绿色食品产品标准，经专门机构认定，许可使用 A 级绿色食品标志的产品。我国绿色食品由中国绿色食品发展中心负责检查、认证。

山野菜因长期生长在自然环境下，很少受农药、化肥污染，故有"天然绿色食品"之美称。即使在人工栽培条件下，也因其长期自然选择、繁殖、生长形成了极强的生命力，在生产过程中不需要大量的施用化肥、农药，保持野菜的无污染特性。因此，山野菜无论是自然生长还是人工栽培都有利于或者容易生产绿色食品蔬菜。

18.山野菜栽培污染的主要来源有哪些？预防对策是什么？

由于山野菜具有较强的生命力和抗逆性，生产栽培对化肥和农药的依赖性很小，栽培的生态环境质量是影响山野菜生产无公害程度的重要因素。随着工业、交通事业的快速发展和农用化学物质的大量使用，我国农作物生长的生态环境污染日益严重，一些有害物质通过各种途径进入到农田、菜园和果园，对大气、土壤、灌溉水源和农产品造成了不同程度的污染，已成为农产品安全生产的制约性因素。

(1)山野菜生产基地的选择　选择山野菜生产基地时，为防止山野菜污染，无公害山野菜生产的产地环境条件应符合《无公害食品　蔬菜产地环境条件》的规定，符合下列条件：距离高速公路和国道900米以上，距离地方干线公路500米以上，距离大的工矿企业1 000米以上，距离医院和大的生活区2 000米以上。土层较深厚，质地为壤质，结构疏松，微酸性或中性土壤，有机质含量在30克/千克以上，排灌方便的土壤条件。

(2)无公害山野菜肥料的使用原则　使用的肥料应是在农业行政主管部门已经登记或免于登记的肥料。提倡使用有机肥料、微生物肥料。在禁止使用含氯复合肥和硝态氮肥的前提下，允许按如下两条原则使用化学肥料：一是化肥必须与有机肥配合施用，无机氮施用量不宜超过有机氮用量；二是化肥与有机肥、复合微生物肥配合施用，配方为厩肥1 000千克、尿素5～10千克或磷酸二铵20千克、复合微生物肥料60千克(厩肥作基肥，尿素，磷酸二铵和微生物肥料作基肥和追肥用)，最后一次追肥必须在收获前30

天进行。

禁止直接使用未经无害化处理的城市生活垃圾和工业废物。城市生活垃圾和工业废物一定要经过无害化处理,质量符合要求才能使用。农家肥料无论采用何种原料制作堆肥,必须高温发酵,以杀灭寄生虫卵、病原菌和杂草种子,使之达到无害化卫生标准。农家肥料原则上就地生产就地使用,外来农家肥料应确认符合要求后才能使用。

(3)无公害山野菜农药的使用原则　山野菜病虫草害防治原则应以农业防治、物理防治、生物防治和生态防治为主,科学使用化学防治技术。所有使用的农药均应在农业部注册登记。农药安全使用标准和农药合理使用准则参照国家《农药安全使用标准》和《农药合理使用准则》执行,药剂防治时禁止使用高毒、高残留农药,有限度地使用部分有机合成农药。设施栽培优先采用烟熏法、粉尘法,在干燥晴朗天气可喷雾防治,如果是在采果期,应先采果后喷药,同时注意交替用药,合理混用。

绿色食品山野菜的生产应符合《绿色食品　产地环境技术条件》、《绿色食品　农药使用准则》和《绿色食品　肥料使用准则》的要求。

有机产品山野菜的生产应符合国家《有机产品》的要求。

四、荠　菜

19. 荠菜有哪些别名？产地、分布在哪里？

荠菜的别名有护生菜、鸡腿草、清明草、地菜、菱角菜、枕头草、粽子菜、花花菜、三角草、荠荠菜、荠、靡草、羊菜、鸡心菜、净肠草、香田芥、地米菜、鸡脚菜、假水菜、烟盒草。为十字花科荠属一、二年生草本蔬菜。

荠菜是一种人们喜爱的可食用野菜，遍布全世界，生于路旁、沟边、田间及村屯附近。中国自古就采集野生荠菜食用，春、夏、秋三季均可。

20. 怎样识别荠菜？

（1）茎　荠菜茎直立，株高 20～40 厘米（图 5）。

（2）叶　有基生叶和茎生叶两种。基生叶丛生，莲座状，平铺地面，羽状深裂或全裂，绿色或浅绿色，被茸毛，长 5～8 厘米，宽 2～2.5 厘米。茎生叶相对较小，长圆形或披针形，基部箭形，抱茎，叶缘缺刻或锯齿（图 5）。

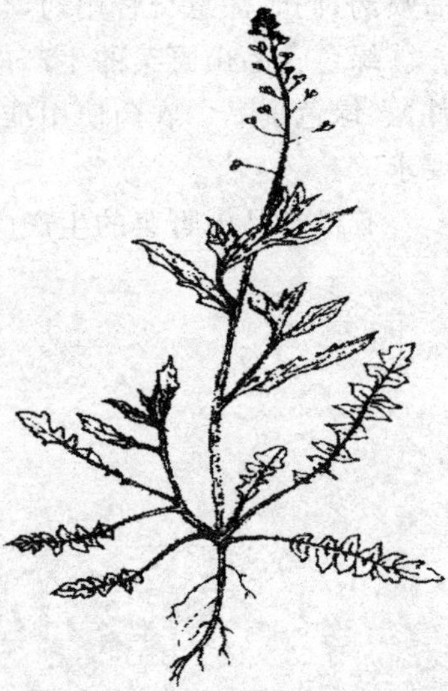

图 5　荠菜

（3）花　总状花序，顶生或腋生，花小，两性花，白色，4 枚花瓣

“十”字形排列(图 6)。花期为 4～6 月份。

图 6　荠菜的花

(4)果实　短角果,扁平,多数倒三角形,极少数为卵圆形,内含多粒种子,果期为 5～7 月份(图 7)。

图 7　荠菜的果实

(5)种子　种子小,卵圆形,金黄色。成熟种子有较长的休眠期,千粒重 0.12 克。栽培时选用当年生的新种子。

(6)根　根白色,主根较发达,须根生长较弱,分布土层较浅。

21. 荠菜有哪些营养价值？

荠菜的营养价值很高。与其他蔬菜相比，蛋白质的含量是胡萝卜的7.8倍，番茄的5倍；维生素C含量是萝卜的2倍，番茄的4倍；铁的含量是番茄的7倍，萝卜的9倍；钙含量为蔬菜中最高，是牛奶的3～4倍。还含有人体所必需的10多种氨基酸以及有机酸、乙酰胆碱、皂甙、黄酮等物质，有助于增强人体的免疫功能（表2）。荠菜不仅各类营养物质含量高，而且营养全面，质地鲜嫩、风味独特、清香甘甜。

表2　荠菜每100克鲜嫩茎叶所含营养成分

营养成分	含量（克）	营养成分	含量（毫克）	营养成分	含量（毫克）
水	81.5	维生素C	55	钙	420
蛋白质	5.3	胡萝卜素	3.2	磷	73
脂肪	0.4	维生素B_1	0.14	铁	6.3
碳水化合物	6.0	维生素B_2	0.19		
粗纤维	1.12	尼克酸	0.7		

注：根据何小勇，柳新红，刘跃钧《森林蔬菜利用与栽培》资料制表。

22. 荠菜有哪些药用价值？

荠菜全草可入药，味甘、性平，具有和脾、利水、消炎、止血、清湿热、清肝明目的功效。用于治疗水肿、吐血、便血、赤目肿痛、结膜炎、夜盲、头痛、目晕、小儿麻疹等。荠菜含丰富的维生素C和胡萝卜素，有助于增强机体免疫功能。还能降低血压、健胃消食，治疗胃痉挛、胃溃疡、痢疾、肠炎等病。被称为“天然之珍”、民间有“荠菜当灵丹”的说法。

23. 荠菜有哪些栽培品种？

（1）京荠1号　北京市蔬菜研究中心选育。早熟，耐热性较强，可用于设施内分批栽培。茎直立、开展度较小，基生叶丛生，莲座状，叶柄长，浅绿色有光泽，无叶翼，叶片呈钝半圆羽状深裂，较整齐，质地柔软，外观商品性好。耐肥，生长快，产量高，只是香气不及野生种浓郁。从播种至采收约 40 天，亩产 3 000 千克左右。

(2)板叶荠菜　又叫大叶荠菜，上海市地方品种。植株塌地生长，开展度 18 厘米。叶片浅绿色，大而厚，长 10 厘米、宽 2.5 厘米，成株 18 片叶左右。叶缘羽状浅裂或无缺刻，叶面平滑，稍具绒毛，遇低温后叶色转深。该品种抗寒和耐热力均较强，早熟，生长快，播后 40 天即可收获，抗逆性强，产量高，品质好，外观商品性好，风味鲜美。其缺点是香气不够浓郁，冬性弱，易抽薹，不宜春播，适宜夏秋季栽培。一般亩产 2 500～3 000 千克。

(3)散叶荠菜　又叫百脚荠菜、慢荠菜、花叶荠菜、小叶荠菜、碎叶荠菜、碎叶头等。植株塌地生长，开展度 18 厘米。叶片绿色，羽状全裂，叶缘缺刻深，长 8～10 厘米，宽 2 厘米，成株有 20 片叶左右，绿色，叶缘羽状深裂，叶面平滑、绒毛多，遇低温后叶色转深，带紫色。该品种抗寒力中等，耐热力强，生长期比板叶荠菜迟 10～15 天。香气浓郁，味极鲜美，生长慢，产量低，但冬性强，抽薹晚，适于春季栽培。

(4)阔叶型荠菜　形如小菠菜，叶片塌地生长，植株开展度可达 18～20 厘米，叶片基部有深裂缺刻，叶面平滑，叶色较绿，鲜菜产量较高。

(5)麻叶(花叶)型荠菜　叶片塌地生长，植株开展度可达15～18 厘米，叶片羽状全裂，缺刻深，绿色，食用香味较好。

(6)紫红叶荠菜　叶片塌地生长，植株开展度 15～18 厘米，叶片形状介于阔叶型荠菜和麻叶型荠菜两者之间，不论肥水条件好坏，长在阴坡或阳坡，高地或凹地，叶片叶柄均呈紫红色，叶片上稍有茸毛，适应性强，味佳。

24. 荠菜栽培需要怎样的环境条件？

荠菜属耐寒性植物，在光照充足、湿润、冷凉气候条件下生长良好。

(1)温度　种子发芽适温为20～25℃,营养生长适温为12～20℃;气温低于10℃时,生长缓慢;植株在－5℃不受冻害,并可忍耐短时间的－7.5℃的低温。在22℃以上时,生长缓慢,且品质差。萌动的种子或幼苗在2～5℃条件下,经过10～20天通过春化阶段而抽薹开花。种子用2～7℃低温处理7～10天,可以打破休眠,周年生产。

(2)光照　荠菜属长日照喜光植物。随着日照的延长而使生育期缩短,在光照条件好的情况下生长旺盛。也能耐弱光。

(3)水分　荠菜对水分要求严格,不耐干旱。

(4)土壤与养分　荠菜对土壤要求不严,但肥沃、疏松的土壤能使其生长旺盛、叶片肥嫩、品质好。对土壤pH值要求为中性或微酸性。

25.荠菜怎样进行田间播种?

(1)土地准备　底肥以有机肥为主,犁地前每亩施充分腐熟的农家肥2 000～3 000千克、复合肥30～50千克,将肥料均匀撒施于土壤表面,随后深耕20～25厘米,精耕细耙,直到田平土碎、土肥融合。做成1.5～2米平畦。一次性浇足底水。

(2)播种时间　荠菜春、秋两季均可播种栽培。

①春季栽培　一般在3月中旬至4月下旬播种,4月下旬至6月收获。由于春季栽培容易早期抽薹,栽培时要尽早播种,肥水充足,使叶片迅速良好分化和生长,避免早期抽薹。

②秋季栽培　秋季光照、气温较适于荠菜生长,生长期较长,可多次收获,产量高,不易抽薹,品质好,是荠菜的主要栽培季节。7月下旬至9月中旬均可播种,以8月份播种产量最高。收获期从9月下旬开始直到元旦前后;9月中旬播种的晚秋荠菜,可在春节前上市。7～8月份播种,由于天气炎热,易造成出苗和管理困难,因此,播种时要搭建遮阴棚,避免造成损失。大棚栽培于10月

中下旬至11月上旬播种。

(3)种子的选择与处理　荠菜种子具有自然休眠的特性，播种要选择通过休眠期的新种子，一般头年采收的种子经过冬季的贮存均通过了自然休眠期，如果秋季播种采用当年采收的未通过休眠期的种子，要设法打破种子休眠。种子在2～7℃的低温条件下，经7～9天种子即可完成休眠期。种子量小时可以采用湿布包好置入冰箱的冷藏室1周即可播种；种子量大时，可用最大持水量50%的沙拌种，放置于2～7℃低温环境中，经7～9天后播种。

(4)播种　春播每亩播种量0.5～1千克，秋播每亩播种量1～1.5千克。通常采用撒播，撒播种子后用耙子轻耧，稍加镇压保墒即可。

(5)播种注意事项

①播种要均匀　荠菜种子细小，采用种子直播时，为使播种均匀可在种子中掺入3倍种子量的细沙后播种。

②注意使种子与土壤密接　先播种子，播种后用耙子轻耧或覆1厘米厚的细土，然后稍加镇压保墒，使种子与土壤密接，利于种子吸水。

③出苗前后要保持土壤湿润　春播种子，可采用覆地膜保温保湿。夏、秋季播种，为防止高温、干旱影响出苗，播后可用遮阳网、玉米秸或草帘等覆盖地面，以降温保湿、防雨防晒。出苗后及时揭去覆盖物。

26.怎样进行荠菜的田间管理？

(1)浇水　出苗前要保持地面土壤湿润。早秋播种不能像春播种子一样通过覆地面保湿，出苗前要不断浇水，一般用喷壶浇洒，每天早晚各浇1次。避免大水漫灌。出苗后每天喷1次水，每次浇水不宜过多，保持土壤湿润即可。荠菜浇水次数多，如果在具有喷灌条件的菜地栽培，产量高、品质好。晚秋播种的荠菜，浇水只宜轻浇、勤浇和凉浇，浇水在早晨露水未干时进行。

(2)追肥　荠菜以追施氮肥为主。在幼苗出土后有两片真叶时，追施第一次肥，每亩施极稀薄的腐熟粪水 1 500～2 000 千克；在收获前 7～10 天追施 1 次氮肥，结合浇水施用。每次采收后，均要追施 1 次肥，腐熟粪水和氮肥交替施用。秋播荠菜生长期长，施肥次数较多。

(3)间苗除草　在荠菜 2～3 片真叶时开始间苗，4～5 片真叶时定苗，株行距为 10 厘米×25 厘米。荠菜植株较小，常与杂草混生，应结合间苗与采收，清除杂草。条播的荠菜出苗后，浅划锄 1 次，以利促根壮苗，中耕除草做到拔早、拔小、拔了。

(4)防冻害　晚秋播种的荠菜，要考虑防寒、防冻，严冬气温在－5℃以下时，会发生冻害。因此，可采取在寒潮来临前适量灌溉，在冰冻过后，于晴天进行灌溉。冰冻前可用草帘、旧薄膜等进行田间覆盖，四周用泥块或砖块压紧，这样既可防寒，又能使植株良好生长。覆盖前 3～4 天可追 1 次肥料。一般覆盖后 10～15 天荠菜叶色转嫩绿，向上伸长，可 1 次采收上市。如果分次采收上市，可搭建小拱棚，或用薄膜覆盖。大棚栽培还要注意温度管理。

27. 荠菜常见病虫害有哪些？怎样防治？

荠菜病虫害较少，秋雨连绵季节主要是霜霉病，高温干旱的季节主要是病毒病。常见的虫害有蚜虫。前期虫害不易发生，主要是 4～6 月和 9～10 月危害。

(1)霜霉病　该病发病初期，叶面上呈现绿色小斑点，后为黄色、浅绿色，背面生暗绿色的霉层。病株叶片僵化，严重时枯黄脱落。该病由十字花科霜霉菌侵染所致。

防治方法　合理安排茬口，尽量避免与十字花科蔬菜连作或邻作。选择无病种株进行采种。消灭田间杂草，合理的水肥管理，增施有机肥，进行科学配方施肥，增强植物的抗病性，及时清除田间病株。防止潮湿，设施栽培要注意通风，降低设施内湿度，特别是浇水后要进行大通风。

①种子消毒　可用种子质量的 0.3%多菌灵拌种，也可以用 30%瑞毒霉拌种剂或者 25%甲霜灵可湿性粉剂拌种。

②化学防治　发病前或病害刚发生，只有个别株个别病斑时，喷 2%抗霉菌素（即农抗 120）水剂 150 倍液。发病严重时可用 75%百菌清可湿性粉剂 1 000 倍液，或 80%代森锰锌可湿性粉剂 600～800 倍液喷施。

（2）病毒病　由多种病毒侵染引起，在幼苗期易感病，连座期以后感病较少。发病初期，心叶出现叶脉颜色变淡呈半透明的明脉状。随后沿叶脉出现褪绿，成为淡绿与浓绿相间的花叶现象，同时叶片皱缩。发病后期叶片变黄，僵硬。花梗发生畸形，种荚瘦小，种粒少。病毒在种子、田间多年生杂草、病株残体上越冬。通过蚜虫传播。

防治方法：

①选用抗病耐热品种，播种无病种子，建立无病留种田。

②适期播种，播前、播后及定植及时铲除田间杂草，剔除病苗。高温干旱时保持畦面湿润，降低地温。

③苗期及时喷药防治蚜虫和蓟马，避免蚜虫传播病毒。

④发病初期及时喷布 10%混合脂肪酸水剂（83 增抗剂）100 倍液，或 20%盐酸吗啉胍・乙酸铜（病毒 A、病毒清）可湿性粉剂 500 倍液，或 5%菌毒清（菌必清）水剂 500 倍液。

（3）蚜虫

防治方法：

①采用黄板诱杀，1 亩地块用 20 块，一般 5 月上旬就要苗床悬挂，防治蚜虫等虫害。或铺设银灰色反光塑料薄膜忌避蚜虫。

②用七星瓢虫防治蚜虫。

③在温室通风口处设防虫网阻隔蚜虫，或挂银灰色地膜条驱避蚜虫。如棚室发生蚜虫可用杀蚜虫烟剂熏治。

④露地荠菜在发生期喷洒 70%吡虫啉水分散粒剂 10 000 倍液，或 50%抗蚜威（辟蚜雾）乳油 2 000 倍液，或 2.5%氯氟氰菊酯

(功夫)乳油 4 000～5 000 倍液喷雾。

28. 怎样进行荠菜周年栽培？

荠菜生育期短，合理安排茬口，利用设施栽培基本可实现周年栽培。

(1)适期适量播种　春季栽培在 2 月下旬至 4 月下旬播种，亩播种量 0.5～1 千克，4 月上旬至 6 月中旬收获；夏季栽培在 7 月上旬至 8 月下旬播种，亩播种量 1.5～2 千克；秋季栽培在 9 月上旬至 10 月上旬播种，亩播种量 1～1.5 千克。如利用设施栽培，可于 10 月上旬至翌年 2 月上旬随时播种，亩播种量 0.75～1 千克。播种方法见前述荠菜田间播种。

(2)早春播种荠菜，气温较低，2 月份播种要覆盖小拱棚或温室栽培，3 月份播种后覆盖地膜即可，4 月中旬以后出苗的荠菜，不需盖膜、草苫等附属设施，在自然条件下就可生长。

(3)在夏、秋期间播种，可在整地前 1～2 天，将土地浇湿后再整地做畦。播种前将种子与干细沙土(种子重量的 2～3 倍)拌匀，以撒播为主，要求播种均匀。夏季播种采用遮阳网覆盖，秋季播种采用地膜覆盖。出苗后将遮阳网或地膜揭掉，保持地面湿润，促进生长。

早秋播种荠菜，在真叶 10～13 片时即可采收，约 9 月上旬供应市场。从播种到采收为 30～35 天，以后分期收获 4～5 次。

10 月上旬播种的秋荠菜，随着气温逐步降低，生长变得缓慢，45～60 天后才采收，以后可继续采收 2 次。

(4)冬春设施栽培　10 月中下旬至 11 月上旬播种，12 月中旬至翌年 3 月份收获，供应元旦、春节市场。

设施内栽培荠菜，播后出苗前白天温度保持 20～25℃，夜间 10～12℃，约 6 天可出苗。出苗后设施内温度调节到白天 15～20℃。高于 22℃应及时通风降温，防止幼苗徒长。若中午光照强烈，可适当用草苫遮光。因荠菜在每天 12 小时的光照条件下，气温降到12℃时仍能抽薹开花，随着气温的逐渐降低，晚上要少量通风外，白天草苫应晚揭早盖。

29.怎样采收荠菜？

(1)野生荠菜采集　野生荠菜一般分散生长，很少有较大的群落。多生于田边、路旁、沟边、荒地等潮湿地带。果园、菜地肥水条件较好地点，荠菜分布也较多，香气浓郁，味道鲜美，是春季主要野生绿叶蔬菜之一。

野生荠菜从3月份开始出土，采收期可延续到4～5月份；长至8～13片叶大小时，即可采收。

采集时要挑选未开花的幼苗，这样才比较鲜嫩、好吃。采集一般用小刀割或手拔取，采集时注意采大留小，除去杂物和根部，洗净，捆把上市。

荠菜根部的药用价值最高，制作食疗方时，不应摘除。

(2)人工栽培荠菜采收　荠菜一次播种，多次采收。采收过早，产量较低；采收过晚，抽薹开花影响品质，降低商品性，所以应做到适时收获。

人工栽培荠菜播种后30～50天，长至10～13片叶片时开始采收。采收时要尽量挑大留小，挑密留稀，采壮留弱。采后及时浇水，以利于余株继续生长。

加工荠菜产品应达到鲜嫩、翠绿，叶大光洁，无病虫危害，无黄叶，无泥土，无抽薹，切根后根长不超过0.5厘米，具商品菜叶片10～20片的要求。收获后装入竹制或铁丝做的篓内，放在清洁水池中冲洗掉泥土、污物等，拣去黄叶、病叶和杂草，以提高产品质量，然后按规格、品种、数量分装入箱，及时就地鲜销。

冬季需储藏的荠菜，要选择无病虫害、无黄叶的健康植株，连根撬起，捆成小捆，利用阳畦假植或冷窖储藏的方法来保鲜，随需随取。也可挖储藏沟，沟深40～50厘米、宽1米，将捆好的荠菜根朝下，依次排放沟内，上覆一层湿土，以后随温度下降逐层覆土，并在此期间进行抽样检查，防止荠菜发热腐烂。

30. 荠菜如何采种？

荠菜果荚成熟不一致，种子完全成熟时果荚开裂，种子很快落地。适时采收是荠菜留种的关键，当全株约有 1/3 的果荚由绿变为淡黄色，果实顶端非常饱满，凹凸明显，种子由嫩绿变为金黄色，用手轻搓种子有粗硬感时为采收适宜时期。应选在晴天上午 10 时前用镰刀割取，然后堆放晒株 1～2 小时，再搓出种子，将种子晾干，贮藏备用。每亩产种子 15～20 千克。好的种子呈橘红色，色泽艳丽，可作为下一年的荠菜生产用种。

31. 怎样食用荠菜？食用注意事项有哪些？

(1)食用方法　采集的新鲜荠菜除去杂屑和根部，洗净，可直接蘸酱吃，也可用沸水焯过后凉拌、做汤、做馅、煮粥、炒食等，也可干制或盐渍。食用方法多样，风味特殊。

①荠菜水饺　这是常用的食用方法。

主料：可用猪肉，也可用鸡蛋。

制法：荠菜去杂，洗净，用沸水焯过切碎放入盆中。然后炒锅上火，加花生油烧至七成热，加入酱油、猪肉馅、葱末、味精、精盐，最后将切好的荠菜拌和即成饺子馅，包入饺子，放入沸水煮熟即可。

特点：清香可口，营养丰富。

②荠菜鸡蛋汤

原料：新鲜荠菜 240 克，鸡蛋 4 个，精盐、味精、植物油各适量。

制法：新鲜荠菜去杂洗净，切成段，放进盘内，将鸡蛋打入碗内，用筷子顺着 1 个方向拌匀。炒锅上旺火，放水加盖烧沸，放入植物油，接着放入荠菜，再煮沸，倒入鸡蛋稍煮片刻，加入精盐，味精，盛入大汤碗内即成。

特点：色艳味鲜，补心安神，养血止血，清热降压。

③荠菜苦瓜瘦肉粥

原料:鲜荠菜 50 克,鲜苦瓜 100 克,猪瘦肉 100 克,粳米 100 克,料酒、盐各适量。

制法:荠菜洗净,切段。苦瓜洗净,切成片。瘦猪肉洗净,切成片,用料酒、盐腌 10 分钟。锅内加入清水,将粳米熬粥约 30 分钟,加入苦瓜、荠菜和焯去血水的瘦肉片,再煮 10 分钟,加适量调料调味即成。此粥有清热润燥、清肝明目的功效。

(2)荠菜适合春季食用,但需要注意以下几点　要挑选不带花的荠菜,这样才比较鲜嫩好吃;荠菜根的药用价值很高,食用时不应摘除;荠菜不宜久烧久煮,时间过长会破坏其营养成分,也会使颜色变黄;荠菜可宽肠通便,便溏者慎食;体质虚寒者不能食用荠菜;荠菜做菜时,不要加蒜、姜、料酒来调味,以免破坏荠菜本身的清香味。

五、马　齿　苋

32. 马齿苋有哪些别名？产地、分布在哪里？

马齿苋又名马齿菜、马齿草、长命菜、马苋、马齿龙芽、酱瓣豆草、瓜子菜、五行草、酸味草、灰苋、安乐菜、酸苋、蚂蚁菜、死不了、太阳花、耐旱菜、马蛇子菜、荷兰菜、长寿菜、马勺菜、酸米菜、王行草等。马齿苋科苋属一年生草本植物。

马齿苋起源于印度，几个世纪以来传播到世界各地，现在大多数地方都还是野生类型，英国、法国、荷兰已发展成为栽培蔬菜，美国以将其作为保健食品广为开发。

马齿苋生于平原及山区潮湿肥沃的地方，遍布全国，盛产于黄淮海地区。马齿苋多生于菜园、农田、路旁、荒地及住宅附近，为田间常见杂草，几乎随处可见。

33. 怎样识别马齿苋？

(1)茎　马齿苋茎圆柱形，光滑无毛，肉质多浆，斜生或匍匐生长，分枝力强，茎的基部分枝向外延伸，长达 30 厘米，呈淡绿色、紫红色或褐绿色(图 8)。

(2)叶　叶片扁平，肉厚，叶长约 1 厘米，宽约 0.7 厘米，全缘，表面深绿色。单叶互生或近对生，无叶梗，叶方形或匙形，或倒卵形，远端圆，平齐或稍凹下，基部宽楔形，形似马齿，故名“马齿苋”(图 9)。

(3)花　花小，黄色，无柄，苞片 4～5 片，花瓣 5 个，通常 3～5 朵簇生在枝端，7～9 月份开花结果。

图 8　马齿苋

图 9　马齿苋的叶

(4)果实　蒴果，盖裂，果内种子多数，种子黑褐色，成熟后自然开盖散出种子(图 10)。

(5)种子　种子甚小，扁矩形(图 10)。

(6)根　根系发达，须根系。

图 10　马齿苋的果实、种子

34. 马齿苋有哪些营养价值？

马齿苋茎叶富含蛋白质、脂肪、碳水化合物、胡萝卜素、多种维生素及矿物质，以及丰富的柠檬酸、苹果酸、氨基酸和生物碱等成分(表 3)。马齿苋是高钾蔬菜，每 100 克嫩茎叶中最高达 1 012 毫克，是韭菜的 10 倍，其他微量元素锌、铁、锰、硒的含量都比普通蔬菜高数倍，其中硒含量是南瓜的 10 倍，胡萝卜素的含量是韭菜的 10 倍，维生素 E 含量是韭菜的 56 倍，是大白菜的 560 倍。由于其中含酸类物质比较多，所以吃的时候会觉得稍有些酸味。

表 3　马齿苋每 100 克鲜嫩茎叶中所含营养成分

营养成分	含量(克)	营养成分	含量(毫克)	营养成分	含量(毫克)
蛋白质	2.3	维生素 C	23	钙	85
脂肪	0.5	胡萝卜素	2.23	磷	56
碳水化合物	3.0	维生素 B_1	0.03	铁	1.5
粗纤维	0.7	维生素 B_2	0.11	钾	870
		尼克酸	0.7		

注：王迪轩，罗美庄《特种蔬菜栽培技术》。

35. 马齿苋有哪些药用价值？

（1）天然的抗生素　中医学认为，马齿苋性寒、味甘酸，入肝、脾具有清热解毒、消肿止血，利水祛湿的功效。入药可治疗湿热泄泻、痢疾、尿道炎、痔漏、恶疮等疾病，是天然的抗生素。

（2）使白发变黑　马齿苋铜含量比较高，体内铜离子是酪氨酸酶的重要组成部分，铜元素的缺乏会导致黑色素生成减少，致使白发增多。经常食用马齿苋能增加表皮中黑色素细胞的密度及黑色素细胞中酪氨酸酶的活性，使白发变黑。《开宝重定新本草》记载“马齿苋，服之长年不白。”

（3）预防心血管病　现代医学证明，马齿苋含有丰富的 ω-3 脂肪酸和黄酮类活性成分，有扩张冠状血管，防止血栓形成，降低血脂，抗毛细血管脆性和异常透过性等功能，有效减轻主动脉壁脂质沉积、抑制动脉粥样硬化作用。常吃马齿苋的地中海沿岸的居民心血管病的发病率低。

（4）治疗糖尿病　马齿苋含丰富的去甲肾上腺素，能促进人体分泌胰岛素调节和平衡糖代谢，可有效地治疗糖尿病。

36. 马齿苋有哪些类型和栽培品种？

（1）类型　按马齿苋的用途分可分为菜用马齿苋与观赏性马齿苋；按植株形态又可分为直立型、半直立型和匍匐型；按花瓣大小又可分为小花瓣类型和大花瓣类型等。目前野生马齿苋多为匍匐或半直立型、黄花、小瓣。自荷兰引进的荷兰马齿苋为直立型小黄花类型。

（2）品种　常见的有：野生马齿苋、荷兰马齿苋和大花马齿苋。

①野生马齿苋　植株矮小，全株光滑无毛，茎圆柱形，下部平卧，上部斜生或直立，多分枝，常呈紫色。叶片较小，叶互生或对生，叶柄极短，叶肥厚，楔状长圆形或倒卵形，长 1.0～2.5 厘米，宽 0.5～1.5 厘米。花小。适应性、抗病性和生长势强，产量低，味

酸，品质较差。

②荷兰马齿苋(台湾农友公司称之为荷兰菜)　野生马齿苋驯化而来的品种。植株直立，叶片较大，长 5.3 厘米，宽 2.4 厘米，茎粗直立，茎基部达 0.7 厘米，株高 30～35 厘米，茎色淡红，花黄色，小花，酸味稍高，生长迅速，产量高。是人工栽培的首选品种，但耐低温能力不如野生马齿苋。

③大花马齿苋　原产南美巴西，安徽等地引进，高 10～15 厘米，茎直立或斜生，茎上丛生白色长柔毛；叶互生，圆柱形，长 1～2.5 厘米，直径 2～3 毫米；花期 6～7 月份，花大，直径 3～4 厘米，花有红、黄、紫、白等。蒴果，种子多数棕褐色或亮棕色。

37. 马齿苋生长需要怎样的环境条件?

(1)温度　马齿苋喜温和气候，稍耐低温，但怕霜冻，即使是轻霜也能使植株死亡。最适发芽温度 25～28℃，生长发育适温 20～30℃。

(2)光照　马齿苋属短日照植物，长日照条件有利于营养生长，但生殖生长推迟。因此，更适宜于在中高纬度地区栽培。喜光，也能耐阴。在弱光下生长快而幼嫩，在强光下仍可正常生长，故又称“晒不死”。

(3)土壤和水分　马齿苋对土壤要求不严，在各种土壤中均可生长，耐瘠薄，喜湿不耐涝，但为了高产、优质，选用地势平坦、土壤肥沃、疏松富含有机质的沙质壤土最为适宜。由于马齿苋全株肉质化，因此很耐干旱，但长期干旱会影响品质。

38. 怎样利用种子繁殖马齿苋?

宜选择叶大而肥厚，茎粗嫩，丰产，商品性好的马齿苋品种。马齿苋种子一般有 5～6 个月的休眠期，贮藏 8～10 个月的种子发芽能力最强，发芽率通常在 80% 以上；处于休眠期的种子，要用 200 毫克/千克赤霉素(GA_3)溶液浸 12 小时，以打破休眠，促进发芽。播种前将种子在25℃温水中浸种12小时,稍晾干待用。

露地普通栽培可于春季晚霜期结束后外界气温达到20℃至立秋前,在露地可随时播种。播种后经过40～50天开始采收,一直可采收至下霜前。可以大田直播,也可以采取育苗移栽的方法繁殖马齿苋。

(1)大田直播

①播种量　每亩用种量为150～200克。

②播种方法　在选好的大田中做1.2～1.5米宽的平畦,畦内撒施腐熟的有机肥作底肥,每亩施用量为2 000～3 000千克。翻匀耙平后浇底水,水渗完后撒薄薄一层细土,而后均匀撒种,最后盖上一层薄细土。这种播种方法常被称为"落水播种"。其优点是保温保湿,防止土表板结,对出苗有利,多在春季播种期较早时采用。马齿苋的种子细小,播种时为了避免播种不均匀或播种量过大,可先将种子与10倍的细沙混匀后再进行播种。

除撒播外,还可以条播,在平畦中按20厘米行距划宽10～15厘米的浅沟进行宽幅条播,播后轻压畦面,喷透底水,覆盖物保湿直至出苗。春夏之交,用干种子播种的宜选条播。

播种后如果土壤湿度适宜,播后可不浇水,如土壤干燥可用喷壶喷水,水量不宜过大,以免土壤板结,造成出苗困难,缺苗断垄。高温季节播种时,播种完毕后,在畦面平铺遮阳网或草帘,保湿降温并防暴雨击打,出苗后揭掉。

③间苗　分次进行间苗,逐步加大株距,当苗茎长15厘米左右时定苗,苗距控制在10～15厘米。

(2)育苗移栽　需要提前上市,可利用设施育苗移栽。

①播种量　育苗床每平方米用种量为0.5～1.0克,每亩大田用种量为50～100克。

②播种方法　育苗床冬前每亩施腐熟有机肥3 000千克、复合肥50千克,用作基肥,深翻晒垡,春后要细作,整平畦。马齿苋

种子十分细小，播种时应掺和种子量 10 倍左右的细沙，均匀撒播在育苗床上，播后覆盖一层细土，厚度以不见种子为宜。轻压畦面，喷透底水，覆盖物保湿，待 50%以上的种子出苗时揭除地膜。

③苗床管理　齐苗后在晴天每亩追施 1～2 次腐熟稀粪水 500 千克，温度应保持 25～30℃。定植前适当炼苗。

④间苗移栽　马齿苋小苗移栽时期没有严格要求，一般结合苗床间苗分次进行，大田定植按株行距 10 厘米×15 厘米定苗。

(3)肥水管理　马齿苋性喜高温、高湿、强光，耐旱耐涝，适应性强。但为提高产量也应加强肥水管理。移栽或播种前按要求施足底肥后，前期可不追肥，以后每采收 2 次，每亩随水追施尿素5～10 千克。采收后两天不浇水，以利伤口愈合，第三天追肥，促隐芽萌发。干旱时要适当浇水。这样茎叶可以生长肥嫩粗大，增加产量，延缓生殖生长，改善品质。

39. 怎样扦插繁殖马齿苋？

马齿苋茎的发根能力很强，与土壤接触后很容易发生不定根。采用扦插繁殖，一年四季均可进行，但冬天需用温室或小拱棚保温。另外，由于马齿苋定植前期侧枝分生慢，一般直接扦插于大田。

扦插前 4～5 天整细土壤，每亩施用 2 000 千克左右的腐熟农家肥，耕耙后做成 1～1.3 米宽的畦。

从母床或野外采苗时，选用具 4～6 对真叶或茎长 5～10 厘米无病、茎粗、长势强的侧枝作为扦插材料，如枝条有开花，要将枝条顶部摘除。即剪即插。

扦插株行距 10 厘米×15 厘米，插穗入土 3 厘米左右。插后浇水，保持一定的湿度，夏季高温季节需覆盖遮阳网遮阳，以减少蒸腾促进缓苗。在适宜的温湿度条件下，一般 1 周后即可长出新根。成活后追肥，揭去遮阳网。

40. 马齿苋常见的病虫害有哪些？怎样防治？

马齿苋生长期主要病害有白锈病、白粉病、立枯病和猝倒病。常见虫害有蚜虫、蜗牛和野螟。

（1）白锈病　主要危害叶片，感病叶片上先出现黄色斑块，边缘不明显，叶背面长出白色小疱斑，破裂后散出白色粉末，即病原菌的孢子囊。该病在西北、华北和东北8～9月份发生，比较普遍，此时降雨量多，湿度大，发病重。

防治方法　秋末及时清除病株残体，集中深埋或烧毁，以减少初侵染源。发病初期，及时喷洒50％甲霜灵·锰锌可湿性粉剂500倍液，或64％杀毒矾可湿性粉剂500倍液，或40％三乙磷酸铝可湿性粉剂300倍液，或72％霜脲·锰锌可湿性粉剂800倍液防治。

（2）白粉病　设施栽培宜加强温湿调控，主要用粉尘法或烟雾法防治（10％多·百粉尘剂每亩每次1千克，或45％百菌清烟剂每亩每次0.25千克，暗火点燃熏一夜，1～2次）；露地栽培于发病前或病害点片发生阶段及时连续喷药控病，15％三唑酮（粉锈宁）可湿性粉剂1 500倍液，或40％三唑酮多菌灵可湿性粉剂1 500倍液，或50％三唑酮硫黄悬浮剂1 000～1 500倍液，或50％甲基硫菌灵硫黄悬浮剂1 000～1 500倍液，或30％氟菌唑（特富灵）可湿性粉剂1 500～2 000倍液，交替喷施2～3次，隔7～10天喷1次。

（3）菌核病　危害茎，初期茎部或茎基部出现水浸状病斑，后变软，湿度大时病部长出白色菌丝或黑色鼠粪状菌核。防治上应控制田间湿度，一般用0.5％福尔马林喷洒床土，拌匀后堆置，用薄膜密封5～7天，然后揭开薄膜待药味彻底挥发后再使用。

（4）立枯病　俗称死苗病。立枯病发生时受害种子烂在土壤中。发病初期，在茎基部一侧产生椭圆形褐色病斑，后逐渐扩大，病部收缩细缢，茎叶萎垂枯死；稍大秧苗白天萎蔫，夜间恢复，当病斑绕茎一周时，病部干缩并向根部扩展，秧苗逐渐枯死，但不呈猝倒状。拔起病苗，根部皮层脱落。

防治措施：

①种子处理　播种前用少量64%恶霜灵·锰锌拌种，或用种子量0.3%的50%多菌灵可湿性粉剂或用种子量0.4%的拌种灵拌种。

②床土消毒　床土最好用大田土和腐熟的有机肥按1∶1配制，配好后用药剂消毒。每平方米苗床用50%多菌灵或50%甲基硫菌灵10克拌干细土15千克。或者每平方米床土用福尔马林450毫升加水10～40千克均匀泼浇，以塑料膜盖5～7天，除膜后将床土耕松，待药剂充分挥发后播种。

③加强苗床管理　要疏松土壤；合理密植，及时间苗或分苗；浇水要适量，注意提高地温，防止苗床低温高湿情况出现。苗期喷洒0.1%～0.2%磷酸二氢钾，增强抗病力。

④药剂防治　发病初期可选用5%井冈霉素水剂1 500倍稀释液，或36%甲基硫菌灵悬浮剂500倍液，或15%恶霉灵水剂450倍液，或20%甲基立枯磷乳油200倍液喷雾，或用72.2%霜霉威盐酸盐(普立克)水剂400倍液喷淋，或用75%百菌清可湿性粉剂600倍液，或50%多菌灵可湿性粉剂600倍液，每平方米用药液2.5千克喷洒。视病情隔7～10天喷1次，连续2～3次。

(5)猝倒病　猝倒病防治应着重搞好土壤消毒和种子消毒，加强苗床管理，改善生态环境，抑制发病。

①种子和土壤消毒　种子消毒可用3 000倍96%恶霉灵可湿性粉剂拌种，也可用少量64%恶霉灵·锰锌拌种。

土壤消毒可用石灰，也可采用1 000倍30%恶霉灵水剂，或3 000～5 000倍96%恶霉灵可湿性粉剂细致喷洒苗床，以防治土壤病菌传染。

②防止苗床过湿、温度过低或过高　选择地势高、地下水位低、排水良好、水源方便、避风向阳的地方育苗。苗期喷施500～

1 000倍磷酸二氢钾，提高抗病能力。要注意加强苗床通风，降低苗床空气湿度，或苗床表土撒草木灰，降低湿度提高土温。

③加强苗期管理，增强幼苗抗逆性　适当间苗，不使幼苗徒长；设施内育苗时，根据苗情适时适量放风，避免低温高湿条件出现，不要在阴雨天浇水，要设法消除棚膜滴水现象。

④及时拔除病苗深埋，再撒58%甲霜灵·锰锌可湿性粉剂500倍液，或75%百菌清可湿性粉剂600倍液，或64%恶霜灵·锰锌可湿性粉剂500倍液。

(6)蚜虫　防治方法参考荠菜蚜虫防治部分。

(7)蜗牛　蜗牛喜阴湿环境，干旱时白天潜伏、夜间活动，爬过的地方留下黏液的痕迹。可撒生石灰防除，一般每亩用生石灰5～10千克撒在植株附近，或夜间喷施70～100倍的氨水毒杀。

(8)野蟆　可选用10%氰戊菊酯(杀灭菊酯)乳油1 500倍液或10%氯氰菊酯乳油1 500倍液喷雾防治。

41.怎样利用设施反季节栽培马齿苋？

在大棚内种植马齿苋，春季可提早播种或扦插，以抢占市场；秋季则应延后栽培，以补充淡季菜源。

(1)春露地早熟栽培　为了提早上市，晚霜结束前40天左右，在阳畦中播种育苗。种子经浸种催芽后采用落水播种，阳畦上覆盖薄膜，夜间加盖草帘保温。保持发芽期温度25～28℃，生长发育期温度20～30℃。当外界气温达到15～20℃时，拆除塑料小拱棚，以免高温、高湿诱发病害。

晚霜过后将苗定植到露地。做1.4米宽的平畦，栽5行，行距20厘米，株距20厘米。以后根据市场需要量，采取隔行隔株采收的办法逐渐扩大留下植株的生长空间，这样可以充分利用土地，延长采收期，增加单位面积产量和产值。

(2)秋延后栽培　在早霜来临前2个月左右，从露地生长的植株上剪取粗壮茎秆作插条，扦插在阳畦或大棚中。定植后3～5天少通风，保温促活棵。缓苗后白天保持棚温 20～30℃，30℃以上适当通风降温。气温降低时，加盖薄膜和草帘防寒。露地采收结束后可陆续上市。

42. 怎样采收马齿苋？

一般播种后 20 天左右，株高 15 厘米以上时，就可以开始采收。商品菜采收标准为开花前 10～15 厘米长的嫩枝，这时的小叶是最佳的食用部分。早春现蕾前可采收全部茎叶，现蕾后应及时不断地摘除顶端，促其营养生长，可连续采收新长出的嫩茎叶。如采收过晚，不仅嫩枝变老，食用价值差，而且会影响下一次分枝的生长和产量。马齿苋开花后酸味加重，通常不再采收，可作为饲料。

马齿苋可一次性采收，也可分批采收。分批采收要注意在植株根部留 2～3 节主茎，以后陆续采收。分批采收要采大留小，以延长马齿苋的营养生长期，提高产量。

43. 怎样采收马齿苋的种子？

为了便于对野生马齿苋进行人工驯化栽培，最好设立专门的留种田。春季露地播种，按行距 35～40 厘米条播。出苗后分次间苗，淘汰弱苗、病苗。定苗间距 35～40 厘米，种株出现花蕾前，每亩施用氮磷钾复合肥 30～40 千克。马齿苋花期在 7～9 月份，开花后 15～20 天种子成熟。种子成熟时蒴果自然开裂，种子落地后采种困难，所以应在开花后 10 天左右进行采种。这时种子为金黄色（成熟后为黑褐色），已达到七八成熟，且蒴果不易触落，容易采收。

采收时整株割下，在塑料膜上让阳光晒 5～7 天，即可将种子分次抖落，然后扬净、干燥后贮藏备用。摊晒时马齿苋应尽量堆薄，不要堆得太厚，否则极易发生病虫害。利用田边地头小规模种植时，也可适当留一部分植株，任其开花结实，待种子产生时采收。

44. 怎样食用马齿苋？食用注意事项有哪些？

一般在 5～9 月份采摘嫩茎叶，开水烫后做汤、炒食、凉拌、做馅都可以，且风味独特。也可做干菜。

当前市场上的马齿苋已经开发出多种产品，如速冻菜、马齿苋脯、马齿苋酱、干制菜、腌渍菜、罐藏菜、菜汁和蔬菜粉等。其中菜汁可用于加工饮料、混合蔬菜汁等，蔬菜粉可用于制造复合蔬菜粉、蔬菜面包、蔬菜蛋糕等。

马齿苋为寒凉之物，脾胃虚弱者及孕妇忌食；忌与胡椒、蕨粉、鳖甲同食。

六、蒲　公　英

45. 蒲公英有哪些别名？产地、分布在哪里？

蒲公英又名婆婆丁、公英、姑姑英、黄花地丁、奶汁草、黄花三七等，为菊科多年生草本植物。

在北半球温带至亚热带中部地区均有分布，我国西北、华北、东北及西南省区最多，华中及华东区略少。我国大多数地区均可种植。蒲公英一般生长于路边、庭院、山坡和野地，它是成熟得最早的一种山野菜之一。

46. 怎样识别蒲公英？

(1)茎　蒲公英一般株高 15～25 厘米，全株含白色乳汁，围着两三根花茎。花茎是空心的，折断之后也有白色的乳汁（图 11）。

(2)叶　蒲公英叶子从根部上面一圈长出，基生、平展，呈莲座状，叶片狭长，倒卵状披针形，大头羽裂，裂片三角形，全缘或有细齿，先端稍钝或尖，基部渐狭成柄，通常呈淡紫红色，宽 3 厘米（图 11）。

(3)花　蒲公英的花为充满朝气的亮黄色，先端平截，5 齿裂，两性，头状花序单生于花葶顶端，花葶直立，与叶片近等长，自基部抽出（图 12）。

(4)果实　瘦果倒披针形，土黄色或黄棕色，有纵棱及横瘤，先端有喙，顶生白色冠毛（图 13）。在果实成熟时，形成 1 个白色绒

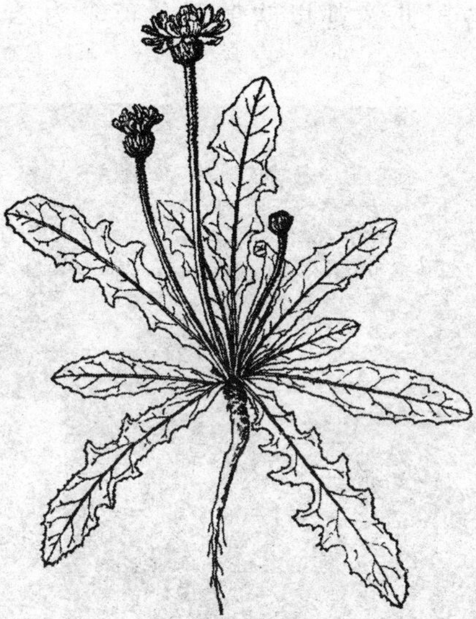

图 11　蒲公英

图 12　蒲公英的花

球，具有冠毛的果实可以随风飘散。被风吹过会分为带着一粒种子的小白伞。各国儿童都以吹散蒲公英伞为乐。花期早春及晚秋。

图 13　蒲公英的果实和种子

(5)种子　种子细长，呈棒状，种皮与果皮不易分开，种子千粒重为 0.8～0.86 克，种子易在较低的温度下发芽出苗(图 13)。

(6)根系　直根发达，圆柱形，肥厚，黑褐色，长达 20 厘米(图 11)。

47. 蒲公英有哪些营养价值?

蒲公英以嫩叶做蔬菜，可食率达 84%，鲜嫩，爽口，香脆，味苦，营养丰富。每 100 克蒲公英中氨基酸总量 8 143 毫克，氨基酸含量均高于大多同类野生植物(表 4)。研究还表明，蒲公英中不仅含有蒲公英素、蒲公英醇、胆碱、有机酸、菊糖、葡糖糖甙等营养素，同时还含有人体中稀缺的抗肿瘤活性物质硒元素，蒲公英中的硒含量达到 14.7 微克/100 克，是自然界中罕见的富硒植物。它的花粉含有维生素、亚油酸，枝叶中则含胆碱、氨基酸和微量元素。

表 4　蒲公英每 100 克嫩叶中营养成分

营养成分	含量(克)	营养成分	含量(毫克)	营养成分	含量(毫克)
水	84	维生素 C	47	钙	216
蛋白质	4.8	胡萝卜素	7.35	磷	93
脂肪	1.1	维生素 B_1	0.03	铁	10.2
碳水化合物	5.0	维生素 B_2	0.39		
粗纤维	2.1	尼克酸	1.9		

注：根据郭文场《野菜栽培与食用》资料制表。

48. 蒲公英有哪些药用价值？

蒲公英味苦、甘、性寒、具有清热解毒，消肿散结，利水通淋，健胃消炎的功效。有广谱抑菌和明显的杀菌作用，对金黄色葡萄球菌、伤寒杆菌、痢疾杆菌有抑制和杀灭作用，有“天然抗生素”之美称。现代医学研究发现，蒲公英可治疗上呼吸道感染、急性乳腺炎、急性阑尾炎、急性淋巴腺炎、急性支气管炎、流行性腮腺炎、胃炎、肠炎、胆囊炎、肝炎、痢疾及各种疔疮疖肿等疾病。近几年来的综合研究发现，蒲公英同时具备“三抗”作用，即抗病毒、抗感染、抗肿瘤作用。长期食用安全，是开发绿色保健食品的理想资源，国家卫生部新近将其列入药食两用品种。

据临床报道，利用蒲公英注射剂治疗各种感染疾病已达 40 种左右，被中药界誉为清热解毒、抗感染作用草药的“八大金刚”之一，目前药用剂型已有注射剂、片剂、糖浆剂等，具有很高的保健利用价值。

49. 蒲公英生长需要怎样的环境条件?

(1)温度　蒲公英喜较冷凉的环境,在土壤化冻后即可萌发,气温达5℃以上即能生长,生长的适宜温度为10~20℃,在15℃左右时叶片加速生长,平铺在地面上。超过25℃则生长发育不良,质地老化。在适宜的温度下,叶片呈深绿色。

(2)光照　蒲公英对光照的适应性强,长日照有利于开花结果。

(3)水分　蒲公英对湿度要求不严格,营养生长期要求土壤湿润,开花结果期喜较干旱的环境。

(4)土壤　蒲公英适应性很强,各种土壤都能生长,较耐旱、耐盐碱,蒲公英高产栽培地块要选择地势平坦、肥沃、湿润、疏松、有机质含量高、向阳、排灌水良好的沙壤质土,在黏性土壤中生长易老化,忌重茬。

50. 蒲公英种子有什么特性? 怎样利用种子繁殖?

(1)蒲公英种子　细小,无休眠期,种子采收后当年就可播种,5月份采收的种子立即播种,10~15天即可出苗。盛夏7~8月份播种,会因温度过高,发芽相对推迟,而且此时杂草生长旺盛,很难保苗,一般不建议此时种子直播繁殖。9~10月份是蒲公英播种的最佳季节,冬季也可以在室内播种。蒲公英种子出苗率低,种子寿命短。

(2)种子繁殖

①选地与播前准备　播种前要深耕土壤30~35厘米,整细耙平,使土壤上虚下实,没有较大的残株、残茬。每亩施入腐熟的农家肥2 000~3 000千克。做畦,畦宽120厘米。

②种子处理　为了提早出苗和保证出苗整齐,可采用温水烫种催芽处理,将种子置于50℃左右的温水中,搅动至水凉后,浸泡24小时,浸泡中间可换1次清水。浸泡后的种子捞出后用湿棉布

包好置于 20℃左右的地方催芽，期间保持湿布的湿润，每天翻动种子 1 次，3～4 天种子萌动即可播种。

③播种　在土温达到 10℃以上时开始播种。露地直播多采用条播，在畦内开浅沟深 1～2 厘米、宽 10 厘米，沟距 25 厘米，播种前 2 天要浇透水，每亩播种量为 1.5～2 千克。播种时将种子加入适量细沙，拌均匀，撒播于沟内，播后覆薄薄一层细土或草木灰，以不见种子为度，稍加镇压，使种子与土壤紧密接触，并加盖塑料膜或盖草，以保持蒲公英萌发的最适温湿度。

④苗期管理　播种后 3～5 天出苗。幼苗出齐后，去掉薄膜。

在 4～5 片真叶和 8～10 片真叶时，间苗定苗。被间掉的苗可以移栽种植或上市出售。间苗后株距 8～10 厘米，经 30～35 天即采收。

⑤田间管理　田间管理的重点主要是肥和水。蒲公英虽然对土壤条件要求不严格，但是它还是喜欢肥沃、湿润、疏松、有机质含量高的土壤，所以在种植蒲公英时，每亩施 2 000～3 000 千克腐熟的农家肥作底肥，过磷酸钙 20 千克，既起到施肥作用，又可以保护根系安全越冬。翌春返青后可结合浇水施用化肥（每亩施尿素 10～15 千克、过磷酸钙 8 千克）。

蒲公英出苗后需要大量水分，因此保持土壤的湿润状态是蒲公英生长的关键。蒲公英在 6～8 叶时进入团棵期，叶片平铺地表生长，此时要适当控水，畦中不可积水，以防烂叶。间苗、定苗后一般均需及时浇水。定苗后立即随水追施腐熟的人粪尿。以后根据植株生长状况和土壤墒情及时浇水追肥。蒲公英生长期间要经常浇水，保持土壤湿润。

蒲公英出苗 10 天左右可进行第一次中耕除草，以后每 10 天左右中耕除草 1 次，直到封垄为止，做到田间无杂草，封垄后可人工拔草。

为使下一年早春植株新芽粗壮，抽生品质好、产量高的嫩叶。播种当年可不采叶，以促进其繁茂生长。

51. 怎样床苗移栽繁殖蒲公英?

为了提高蒲公英种子的利用率可采用苗床育苗大田移栽。育苗床的床土配制采用肥沃的壤土 4 份、河沙 3 份、腐殖土或优质腐熟农家肥 3 份,分别过筛后混合均匀平铺在苗床上,厚度为 10 厘米(或采用穴盘育苗将营养土装入穴盘内),稍压实后浇水,水渗下后开沟播种。播种量是每平方米 3～4 克,可保苗 800～1 000 株。播种后覆土 0.5 厘米,最后覆盖地膜保湿,将温度控制在 15℃左右,经过 3 天即可出苗,待到幼苗长至 2 片真叶时,可稍加间苗,4 片真叶时往大田移栽。移栽时用铲铲起 3 厘米厚带苗土块,到田间再用手掰分带土块的苗移栽,掰分时尽量使苗根带土。大田移栽按株距 5～8 厘米,行距 20 厘米,用小铲挖坑移栽,栽后灌透水。定植后 25～30 天即可采收。

52. 怎样用根茎繁殖蒲公英?

(1)挖取根茎　7 月上旬至 9 月上旬,最晚在蒲公英第一次遭霜打、叶片由绿变红时到野外采挖蒲公英根系,全株最好。也可在清明前后挖取隔年生植株的宿根,隔年生的根细长,有吸收根,根皮浅褐色。选挖叶片肥大、根系粗壮者,挖出后保留主根与顶芽,储存于潮湿的细沙中备用。

(2)栽植前要整地施肥　每亩施入 2 000～3 000 千克腐熟的优质农家肥,施基肥后耕翻平整土地,做成宽 1.2 米的高畦,按行距 20 厘米开沟,沟深 7～8 厘米,按株距 8～10 厘米定植,每畦定植母株 6 行。土埋到原根地表位置为宜,使根顶在地面似露非露,用手轻压,浇足水即可。随后覆上地膜,畦中温度保持在 15～20℃,并保持土壤湿润,经 3～5 天即能出苗。出苗后揭开地膜,松土促根,土壤干燥时随时浇水,并结合浇水,每亩施入尿素 10～15 千克。出苗 30 天左右即可采收。

用于繁殖蒲公英的肉质直根可以到野外直接采集,也可以人工培育。

53.怎样利用设施反季节栽培蒲公英?

蒲公英在温度保持10℃以上,就可正常生长。因此,可在塑料大棚、中、小拱棚或日光温室进行反季节栽培。既可以种子繁殖,也可以用母根栽培。

(1)土地准备　选择土质深厚肥沃,水肥条件好的地块。在选好的土地上建立温室或大棚,每亩施入腐熟优质农家肥2 000～3 000千克,过磷酸钙20～25千克,深翻土壤25～30厘米,耙细整平,做成宽1.2～1.5米的长畦。

(2)种植方式(播种或埋根)

①秋季直播

播种:在8月下旬开沟条播,沟距20厘米,每亩播种量1.5～2千克,播后覆0.3～0.5厘米细土,畦面可以覆盖一层秸秆,在秸秆上适量浇水,保证秸秆和地面土壤湿润,力争一次全苗。

间苗:在4～5片真叶时进行,按株距3～5厘米,一穴双株留苗。

肥水管理:保持土壤湿润,但要防止徒长和倒伏。结合浇水,生长期间追肥1～2次,每平方米追施尿素10克,喷施磷酸二氢钾2克。

②埋根栽植

挖取母根:8月份以后,最晚在蒲公英第一次遭霜打、叶片由绿变红时,到野外选择叶肥大、根粗壮的蒲公英采挖根系,去掉泥土,保留主根及顶芽。挖出的母根在定植前应及时埋入湿土或湿沙中,以防失水影响生活力。

栽植:采挖的母根应立即定植。定植时,摘掉老叶,保留嫩叶,行距40厘米,株距10厘米。具体做法是:每隔40厘米开一宽沟,沟宽10厘米,沟内浇水,垂直栽入两行。如果主根较长时可剪成7厘米长的根段,不带顶芽的根段单独栽植。

(3)设施栽培管理

①肥水管理　定植后,新叶生长前,一般情况下不需经常浇水,如果土壤干旱可用喷壶浇水。待蒲公英长出新叶时,松土打垄。在施足基肥的基础上,蒲公英生长过程中一般情况不施用化肥,以保证蒲公英的食用品质。采收后2～3天内不宜浇水,以防腐烂耗损。

②温湿度管理　在11月下旬扣棚加温,新芽萌发,去掉畦面覆盖物,室温保持10℃以上时,蒲公英植株即可正常生长。温度保持在15～20℃,空气相对湿度控制在60%～75%为好,温湿度的具体调控方法同一般的设施栽培。

也可根据植株长势控制温度和水分,促其在元旦或春节供应市场,价格更高。

(4)适时收获　当叶片长到10～15厘米时开始收获,从叶基部3厘米处割断,捆扎上市,或全部收获,全部上市。秋季可收获1～2茬。

(5)软化栽培　在设施栽培中,蒲公英萌发后,进行沙培,铺1厘米厚的细沙,待叶片露出地面1厘米后,再一次进行沙培。共进行4～5次。当叶片长出沙面8～10厘米时,连根挖出,洗净,去掉须根,绑成小捆上市。通过软化栽培,苦味降低,纤维减少,脆嫩质优,品质大大提高。

(6)春早熟栽培　为提早上市,于春季化冻前20～30天建小拱棚,并采取地膜覆盖等措施。

54.蒲公英常见的病虫害有哪些?怎样防治?

蒲公英常见病害有灰霉病、叶斑病、锈病和枯萎病。主要的害虫有蚜虫、小菜蛾和地下害虫。

(1)灰霉病　病部组织呈淡褐色水渍状,后软腐,遍生灰色霉状物,后期产生黑色小粒点。

防治措施：

①蒲公英棚室种植　于发病初期采用烟雾剂或喷粉尘防治，每亩可施放10％腐霉利（速克灵）烟雾剂200～250克。

②蒲公英露地种植　应及时喷洒50％腐霉利可湿性粉剂2 000倍溶液，或40％嘧霉胺（施佳乐）悬浮剂900～1 200倍液，或50％异菌脲（扑海因）可湿性粉剂1 000～1 500倍液，或65％甲硫·霉威（甲霉灵）可湿性粉剂1 000～1 500倍液，每亩施药量为50～60升，隔7～10天喷1次，连喷2～3次。采前7天停止用药。

（2）叶斑病　叶面初生针尖大小褪绿色至浅褐色小斑点，后扩展成圆形至椭圆形或不规则状，中心暗灰色至褐色，边缘有褐色线隆起，直径3～8毫米，个别病斑20毫米。

防治措施：

①选用耐热品种。

②加强管理，雨后及时排水，防止田地过湿。

③发病初期喷洒50％腐霉利可湿性粉剂1 500倍液，或50％异菌脲可湿性粉剂1 000倍液，或50％多菌灵可湿性粉剂1 000倍液加75％百菌清可湿性粉剂1 000倍液，或80％代森锰锌可湿性粉剂600倍液，每亩喷对好的药液50升，隔10天左右1次，连续防治2～3次。采收前15天停止用药。

（3）锈病　主要危害叶片和茎。初在叶片上现浅黄色小斑点，叶背对应处也生出小褪绿斑。后产生稍隆起的疱状物，疱状物破裂后，散出大量黄褐色粉状物（夏孢子），叶片上病斑多时，叶缘上卷。

防治措施：

①防治锈病首先要提高土壤肥力，多施磷钾肥，增强植株的抗病能力。

②发病初可用20％三唑酮（粉锈宁）乳油1 800倍液，或12.5％烯唑醇（速保利）可湿性粉剂3 000倍液，70％代森锰锌可

湿性粉剂 1 000 倍液，或 25%丙环唑(敌力脱)可湿性粉剂 3 000 倍液，或 25%丙环唑乳油 3 000 倍液，喷上述药之一防治，每隔 10 天 1 次，酌情喷施 2～3 次。

一定要在发病初期开始喷药，否则效果很差。

(4)枯萎病　初发病时叶色变浅发黄，萎蔫下垂，花茎基部也变成浅褐色。横剖花茎基部可见维管束变为褐色，向上扩展枝条的维管束也逐渐变成淡褐色，向下扩展致根部外皮坏死或变黑腐烂。有的花茎基部裂开，湿度大时产生白霉。

防治措施：

①种子处理　每 1 千克种子用 95%恶霉灵(绿亨一号)1～2 克。

尽可能避免连作，发现病株及时拔出，并用石灰对定植穴进行消毒。在田地周围挖排水沟，以利于排水。

②苗床管理　1 米^2 苗床用 95%恶霉灵 1 克，对水成 3 000～4 000 倍液播前苗床淋施，移栽前重复用药 1 次。发现病苗立即拔除，并喷洒 72.2%霜霉威水剂 400 倍液，或 70%代森锰锌可湿性粉剂 500 倍液，或 3%恶霉灵・甲霜水剂 1 000 倍液，或 15%恶霉灵水剂 700 倍液等药剂，1 米^2 苗床用配好的药液 2～3 升，7～10 天喷 1 次，连续 2～3 次。

③定植后发病时，可在发病初期喷洒或浇灌 35%福・甲可湿性粉剂 900 倍液，或 50%多菌灵可湿性粉剂 500 倍液。或将上述杀菌剂配成药土撒在茎基部，或用 95%恶霉灵 4 000～5 000 倍液根部灌注。

(5)蚜虫　防治方法参考荠菜蚜虫防治部分。

(6)小菜蛾　幼虫危害。

防治方法：

①物理措施　育苗期间要精心管理苗床，气温较高要覆盖遮阳网，可有效防止成虫侵入产卵危害。亦可利用成虫具有趋光性的特点，于发生期安装黑光灯诱杀成虫。

②生物防治　发蛾始期,可利用人工合成的性诱剂,用铁丝穿成串,放置水盆上,离水面 10 厘米处诱杀,盆诱蛾半径可达 100 米,有效诱蛾期在 30 天以上。也可利用性诱剂诱蛾:用雌蛾活体的粗提物诱蛾,把粗提取物涂到纸条上,挂在田间招引雄蛾进行诱杀。幼虫始孵期,可选用苏云金杆菌 Bt 制剂或复方 Bt 乳剂 600 倍液、杀螟杆菌 500～800 倍液进行防治,每亩用量 50～60 千克,在气温 20℃以上时,于下午 5 时喷雾,可使小菜蛾幼虫感病致死。7 天 1 次,连续 2～3 次。

③化学防治　搞好预测预报,在幼虫发生期喷药时应尽可能地把药喷入心叶和叶背,常用的药物有:40%菊・杀乳油 1 500～2 000 倍液,或 40%菊・马乳油 1 500～2 000 倍液,或 10%氯氰菊酯乳油 2 000 倍液,或 20%杀灭菊酯乳油 2 000 倍液,或 20%氰戊菊酯乳油 3 000～5 000 倍液,或 2.5%溴氰菊酯乳油 2 500～5 000 倍液喷雾防治。蔬菜收获前 15 天要禁用杀虫剂。

(7)斑潜蝇　幼虫蛀食叶肉组织,形成曲线状或乱麻状隧道,被害处呈白色长条斑,仅剩上下表皮,严重时可使全叶枯萎,使蒲公英品质下降。

防治方法:

①农业防治　收获后及时清理田间病叶残体,深埋或烧毁;秋、冬深翻土地,消灭越冬害虫,减少虫源。

②物理防治　色板诱集法,利用害虫的趋色性进行诱集,用黄色捕虫板诱杀斑潜蝇。通过在田间或大棚内悬挂用黄油等专用胶剂制成的黄色板,不但可监测斑潜蝇等害虫种群的发生动态,还可有效防治斑潜蝇等害虫,诱捕器上粘胶在自然条件下可维持 1 年。每亩地用 20 块黄板,主要防治潜叶蝇、蚜虫、粉虱等害虫,一般 5 月上旬开始就要苗床悬挂。

③生物防治　利用姬小蜂的寄生性消灭斑潜蝇。

④化学防治　在幼虫危害初期可用 0.5%甲氨基阿维菌素苯甲酸盐(简称甲维盐)微乳剂 1 500～2 500 倍喷雾(注意:甲维盐在

使用中经过大量临床发现，不能在作物的生长期内连续用药，最好是在第一期虫发期用过后，第二次虫发期使用别的农药，即间隔使用），或 80%敌敌畏 2 000 倍液，连续喷 2～3 次。收获前 1 周停止使用。

可在成虫盛发期喷洒 10%灭蝇胺（斑蝇敌）悬浮剂 1 500 倍液，或 20%吡虫啉（大功臣）可湿性粉剂 8 000～12 000 倍液喷雾。注意及早及时交替喷施。

（8）地老虎　地老虎包括小地老虎、大地老虎、黄地老虎三种。地老虎又名地蚕、土蚕、切根虫、夜盗虫，为鳞翅目夜蛾科。幼虫将蔬菜幼苗近地面的茎部咬断，使整株死亡，造成缺苗断垄，严重的甚至毁种。

防治方法：

①物理防治　用黑光灯诱杀，或用糖醋液诱杀成虫，即糖 6 份、醋 3 份、白酒 1 份、水 10 份、90%敌百虫 1 份调匀，放置田间进行诱杀成虫；当发现有葱苗被咬断或萎蔫时可在清晨扒土捕捉幼虫。

②化学防治　根据虫情预报于 3 龄前喷雾，21%氰・马（灭杀毙）乳油 800 倍液，或 50%敌敌畏 1 500 倍液防治；3 龄后转为地下危害，可用 50%辛硫磷乳油 0.5 千克加适量水拌 50 千克细土顺行撒施，也可用 90%敌百虫 0.5 千克，加水 2.5～5 千克，拌 50 千克鲜草或炒香的麦麸或饼糁，每亩用 5～10 千克，成堆诱杀。虫龄较大时，可用 80%敌百虫可湿性粉剂 800 倍液，或 80%敌敌畏乳油 1 000 倍液灌根。

（9）蝼蛄　俗名拉拉蛄、土沟子，有一对形似铲状的开掘足，食性杂，可危害多种作物。其成虫和幼虫均具有破坏性，在土中咬食刚播的种子的幼芽，咬断幼苗的根茎或咬成乱麻状，使幼苗倒伏、枯死。蝼蛄在土壤表层穿行形成隧道，使幼苗根部与土壤分离，使幼苗缺乏肥水而枯死。

防治方法：生长季 4～9 月份可用黑光灯诱杀，也可人工捕杀。

或用90%敌百虫30倍液150毫升加麦麸5千克拌匀，制成毒饵。先将麦麸炒熟，后拌药，撒施在沟内或地膜下，杀伤效果较好。每亩用毒麦麸2千克，如虫口密度大，可增加至5千克。或在生长期间用50%辛硫磷，或90%晶体敌百虫800～1 000倍液灌垄、灌根。

(10)蛴螬　蛴螬又叫白地蚕、蛭虫，是各种金龟子幼虫的总称。成虫、幼虫均可危害。成虫取食叶片，有时花及果实也能受害。主要以其幼虫啃食播下的种子，咬断菜苗根茎，造成缺苗断垄。

防治方法：

①蒲公英种植前，用辛硫磷等农药处理土壤和有机肥。

②人工捕杀　发现幼虫咬食根、茎后的萎蔫植株，在其侧挖开便可将幼虫消灭。成虫可用黑光灯或荠菜田边点火堆诱杀。

③化学防治　可用50%辛硫磷1 200倍液或90%晶体敌百虫1 000倍液灌垄、灌根。

55.怎样采收蒲公英？

蒲公英植株生育年限越长，根系越发达，地上植株生长也越繁茂，收获的产品产量高、品质好。因而播种当年可考虑不采收叶片，第二年开始采收。

蒲公英茎叶再生能力强，可一次播种多茬收获。当叶片达到10～15厘米时，可分批采摘外层大叶食用，也可用刀沿地表收割，下刀掌握地表1～2厘米处平行下刀，保留地下根部及少许心叶以保新芽生长。一般每隔20～30天割1次。也可一次性整株割取上市，割大株，留中小株继续生长。

蒲公英整株割取后，根部受损流出白浆，此期不宜浇水，以防烂根。

蒲公英作中药材用时可在晚秋时节采挖带根的全草，去泥晒干以备药用。

56. 蒲公英的种子怎样采收？

蒲公英二年生植株方可开花、结实，初夏为开花结籽期，每株开花数随生长年限而增多，有的单株开花数达 20 个以上，优良品种单株开花数量可高达 100 多个，开花后经 13～15 天种子即成熟。花盘外壳由绿变为黄绿，种子由乳白色变成褐色，表明种子成熟，此时即可采收，切不要等到花盘开裂时再采收，否则种子易飞散失落，损失较大。一般每个头状花序种子数都在 100 粒以上。大叶型蒲公英种子千粒重为 2 克左右，小叶型蒲公英种子千粒重为 0.8～1.2 克。

一般于 5 月下旬至 6 月上旬的上午 8～9 时采集野生的蒲公英种子。采种时选择叶片肥大、汁多色绿、锯齿较深、根茎粗壮的蒲公英作为采种株。将花托变黄的花序剪下，放室内后熟 1 天，待花序全部散开，再阴干 1～2 天，用手搓掉冠毛，晒干备用。蒲公英的留种采种最好有固定的种子圃地。

57. 怎样食用蒲公英？食用注意事项有哪些？

(1)蒲公英的食用　蒲公英味道鲜美，风味独特，营养丰富，具有人类栽培蔬菜无法替代的优点。

①生食　春发嫩叶，依个人口味，用调料拌或蘸酱，味道鲜美，口感清爽似生菜。

②凉拌　用开水焯 3～5 分钟，去苦味后凉拌，风味极佳。

③炒食　用沸水焯过，清水浸泡 15 分钟去苦味后，切段可配鸡蛋、肉油炒。

④做馅　将蒲公英嫩茎叶洗净水焯后，稍攥、剁碎，加佐料调成馅(也可加肉)包饺子或包子。

⑤煮粥　蒲公英 30 克，粳米 100 克，煮成粥，可清热解毒，消肿散结。

⑥饮料　用榨汁机将蒲公英鲜汁榨出，再配以柠檬酸、蜂蜜、

糖等其他辅料可调制成各种口味的饮料，清爽宜人。

⑦制酒　将干燥的蒲公英根片 50～100 克，放入 0.5 千克普通的葡萄酒或白酒内，浸泡 3 天后即可饮用。有清热解毒、预防癌病等保健功效。

⑧制作面点　可用叶、茎、根粉制成蒲公英面点、面包等，以增加其食品的营养价值。老少皆宜，营养保健。

（2）食用蒲公英应注意事项　蒲公英属于清热解毒类草药，有广谱杀菌作用，所以，不宜过量服用，以免引起菌群失调。另外，中医讲蒲公英性凉，脾胃虚寒、体弱的人不宜单独服用。

七、苋　菜

58. 苋菜有哪些别名？产地、分布在哪里？

苋菜别名清香苋、雁来红、红苋菜、三色苋、绵苋、野刺苋、米苋，杏菜、杏仁菜、荇菜等。为苋科苋属一年生草本植物。

我国是苋菜原产地之一，主要分布于我国华北、东北、华中地区。分布于农田、荒地、路旁。各地均有栽培，长江流域栽培较多。

59. 怎样识别苋菜？

(1)茎　植株较高，高达 1.5 米。茎直立、粗壮，单一或分支，稍具钝棱，柔毛较短(图 14)。

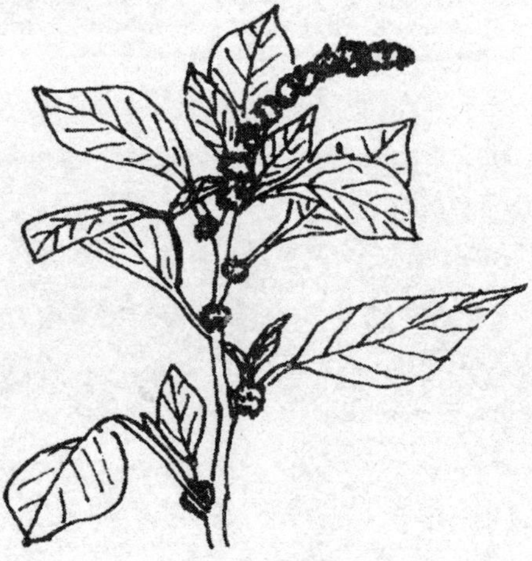

图 14　苋菜

(2)叶　单叶,无托叶。叶片互生、全缘,叶卵状椭圆形至披针形,先端渐尖或钝圆,叶面光滑或皱缩,叶色有绿、黄绿、紫红或绿紫相嵌,叶长 4.5～11 厘米,宽 2～4.5 厘米,叶柄长 1.5～5 厘米(图 15)。

图 15　苋菜叶

(3)花　穗状花序,顶生或腋生,花小,黄绿色,花单性或杂性,萼片膜质,雄蕊与之对生,萼片与雄蕊各 3 枚,雌蕊柱头 2～3 个(图 16、图 17)。

图 16　苋菜花

(4)果实、种子　胞果、盖裂。种子极小,扁圆形,色黑而有光泽,千粒重 0.5～0.7 克。使用年限 2～3 年(图 17)。

图 17　苋菜果实、种穗

(5)根　主根粗壮,根系发达,分布深而广。

60. 苋菜有哪些营养价值?

苋菜营养丰富,其茎和叶肉,含有人体所必需的糖、脂肪、蛋白质、维生素、无机盐、微量元素和食用纤维等营养物质(表 5),其所含的蛋白质比牛奶更能充分被人体吸收,特别是其中的胡萝卜素、抗坏血酸和核黄素含量都高于常见的蔬菜,所含维生素 A(胡萝卜素)和尼克酸均比茄果类蔬菜高 2 倍以上,可为人体提供丰富的营养物质,有利于强身健体,提高机体的免疫力,有"长寿菜"之称。

苋菜中铁的含量高于菠菜,钙的含量则是菠菜的 3 倍,为鲜蔬菜中的佼佼者。更重要的是,苋菜中不含草酸,所含钙、铁进入人体后很容易被吸收利用。因此,苋菜能促进小儿的生长发育,对骨折的愈合具有很好的食疗价值。

表5 苋菜每100克嫩茎叶中营养成分含量

营养成分	含量(克)	营养成分	含量(毫克)	营养成分	含量(毫克)
水	92.4	维生素C	44	钙	197
蛋白质	1.8	胡萝卜素	3.26	磷	51
脂肪	0.1	维生素 B_1		铁	2.8
碳水化合物	3.4	维生素 B_2	0.09		
膳食纤维	1.1	尼克酸	0.7		

注:根据郭文场《野菜栽培与食用》资料制表。

61.苋菜有哪些药用价值?

苋菜性味甘凉,具有清热解毒,明目利咽的功效,长于清利湿热,清肝解毒,凉血散瘀,在夏季多食用红苋菜对于湿热所致的赤、白痢疾,大便干结和小便赤涩及肝火上炎所致的目赤、目痛、咽喉红肿等,均有一定的辅助治疗作用。

苋菜富含B族维生素,对口腔溃疡有一定疗效。它含有丰富的铁、钙和维生素K,可以促进凝血、造血等功能。苋菜能维持正常的心肌活动,防止肌肉痉挛(抽筋),这是因为它含丰富的铁,可合成红细胞中的血红蛋白,有携带氧气的功能。

常食苋菜可以减肥轻身,促进排毒,防止便秘。

62.苋菜有哪些品种?

苋菜依叶片颜色分为绿苋、红苋、彩色苋。

(1)绿苋　叶片、叶柄绿色或黄绿色,食用时口感较红苋和彩色苋酸,耐热性较强,适于春季或秋季栽培。主要品种有柳叶苋、白米苋、木耳苋。

①柳叶苋　为广州农家早熟品种。叶披针形,长12厘米、宽4厘米,先端锐尖,边缘向上卷曲成匙状,叶绿色,叶柄青白色,耐寒和耐热力较强。

②白米苋　上海市农家品种。叶卵圆形,长8厘米、宽7厘

米，先端钝圆，叶面微皱，叶及叶柄黄绿色。较晚熟，耐热力强，既能春播，也能秋播。

③木耳苋　南京市农家品种。早熟，叶片较小，卵圆形，叶深绿发乌，有皱褶。

④青米苋　上海地方品种。植株高大，生长势强，分枝较多。叶片卵圆形或阔卵圆形，长 9 厘米，宽 8 厘米，先端钝圆，绿色，全缘，叶面微皱。分枝多，侧枝生长势强，可分批多次采收。叶肉较厚，质地柔嫩，品质优良，耐热。中熟，生长期 50 天左右。

(2)红苋　叶片和叶柄紫红色，食用时口感较绿苋为糯，耐热性中等，适于春季栽培。主要品种有圆叶红苋、大红袍、红苋菜、大柳叶紫苋菜。

①圆叶红苋　叶卵圆形，先端凹陷，略有皱褶，紫红色，有光泽。叶片边缘有窄的绿边，叶柄红色带绿。叶肉较厚，质地柔嫩，品质中等。早熟，耐热性中等。上海市地方品种。

②大红袍　重庆市农家品种。叶卵圆形，长 9～15 厘米、宽 4～6 厘米，叶面微皱，蜡红色，叶背紫红色，叶柄淡紫红色。早熟，耐旱力强。

③红苋菜　昆明市农家品种。茎直立，紫红色，分枝多。叶卵圆菱形，紫红色。

④大柳叶紫色苋　中国农业科学院蔬菜花卉研究所育成。叶为阔柳叶形，全缘，叶背和叶面均为紫红色，叶长 15 厘米、宽 7.5 厘米，叶柄长 3 厘米。腋芽较少。单株重 15～20 克。中熟。植株耐抽薹、耐热。抗枯萎病。

(3)彩色苋　叶边缘绿色，叶脉附近紫红色，质地较绿苋为糯，早熟，耐寒性较强，适于早熟栽培。主要品种为尖叶花红、尖叶红米苋。

①尖叶花红　为广州农家品种。叶长卵形，长 11 厘米、宽 4 厘米，先端锐尖，叶面较平，叶边缘绿色，叶脉附近红色。早熟，耐寒力强。

②尖叶红米苋　又名镶边米苋，为上海市农家品种。叶长卵形，长12厘米、宽5厘米，先端锐尖，叶面微皱，叶边缘绿色，叶脉附近紫红色，叶柄红色带绿。较早熟，耐热性中等。

③蝴蝶苋　中国农业科学院蔬菜花卉研究所育成。叶片心脏形，全缘，叶片红绿掺半，似彩蝶。叶长10厘米，叶宽8厘米，叶柄长4～5厘米。早中熟，植株较耐抽薹、耐热、耐旱。

④花叶苋菜　中国农业科学院蔬菜花卉研究所育成。叶卵状椭圆形，全缘，心叶叶脉紫红色，叶缘绿色。喜温较耐热，不耐寒。

⑤大柳叶彩苋　中国农业科学院蔬菜花卉研究所育成。叶为阔柳叶形，全缘，叶心红色，叶边缘绿色。叶长15厘米、宽9厘米，叶柄长4厘米，腋芽较多。中熟。植株耐抽薹、耐热。抗枯萎病。

⑥花叶苋　西安市地方品种。叶绿紫相间，卵圆形，长18厘米、宽12厘米，先端钝尖，叶面鲜艳，叶片较柔嫩，品质中等。早熟，生长期40天。喜温，耐热，不耐寒。

⑦花红苋菜　属彩苋品种类型，是富含钙、铁矿物质的保健蔬菜，植株生长快，叶片较肥大，质地柔嫩，叶片边缘为绿色，叶脉附近为紫红色，色彩美观，苋菜性喜温暖，耐高温，20℃以下温度时生长缓慢，所以应安排在20℃以上的温暖季节进行种植。

63. 苋菜生长需要怎样的环境条件？

(1)温度　苋菜喜温和气候，不耐寒冷，耐热力强，生长适温为23～27℃；20℃以下植株生长缓慢；10℃以下种子发芽困难，植株基本停止生长；高于30℃产品品质变差，超过35℃仍能生长。

(2)光照　苋菜为短日性作物，在短日照、高温条件下极易开花结实。因此，春播不宜过早，否则易导致花蕾过早发生，影响品质。

在气温适宜，日照较长的春季栽培，抽薹迟，品质较嫩，产量高。30℃日温和25℃夜温，是苋菜最适宜生长的条件，相对较高的根温有利于早期的营养生产。

(3)水分　苋菜耐旱性极强，要求土壤湿润，但不耐涝，在排水不良的地块生长较差。

(4)土壤及养分　对土壤条件不太严格，但以排水良好，疏松、肥沃偏碱性的沙壤土较好。需肥量较大，以氮素肥料为主。

64. 苋菜种子有什么特性？怎样利用种子繁殖？

(1)苋菜的种子　苋菜种子极小，所以整地时必须精细，做到地平、土细，以利出苗。

(2)苋菜生长期　生长期短，无霜期内可分期播种，陆续采收。

苋菜喜肥，选择地势较平坦，排灌方便，杂草较少的肥沃土壤种植。整地前每亩施充分腐熟的有机肥 1 500～2 000 千克、磷酸二铵 50 千克，深翻耙平，做成宽 1.5 米平畦。春季晚霜后陆续播种。干种子用 3～5 倍的沙土混合均匀后撒播，也可条播，每亩播 1 千克种子，播后覆细沙土 0.5 厘米，压实后浇水。播种量因播种期而不同，播种期越早，用种量越多。春播需 7～12 天出苗，夏、秋季播只需 3～5 天即可出苗。

苋菜生长期短，基肥足不要追肥，如肥料不足，要及时进行追肥，当幼苗长到 2 片真叶时，进行第 1 次追肥；每亩追尿素 10 千克，以后每隔 10～15 天追肥 1 次，每次采收后用 1%的尿素＋1%磷酸二氢钾溶液追 1 次肥料，以肥代水，促进侧梢长出。

经常保持田间湿润，遇干旱及时浇水，遇雨涝排水防涝。苋菜在肥水充足的条件下，营养生长旺盛，茎叶肥嫩，品质优良。

65. 苋菜常见的病虫害有哪些？怎样防治？

苋菜常见的病害有白锈病、炭疽病、褐斑病、病毒病。常见的虫害有蚜虫、菜粉蝶、菜蛾。

(1)白锈病　白锈病是苋菜生产中最常见的病害，分布广泛，全国各地都有发生。主要危害露地种植的苋菜，主要危害叶片，叶柄和嫩茎也能受害。白锈病的症状是：叶面出现黄色病斑，叶背群生白色圆形隆起的孢子堆，俗称“白点”。

防治措施：

①注意培育壮苗，加强田间管理。

②药剂防治　可喷洒 600～800 倍多菌灵等药剂，在即将发病或发病始期开始施药。药剂可用 58％甲霜灵·锰锌可湿性粉剂 500 倍液，或 50％甲霜灵·铜可湿性粉剂 600～700 倍液，或 72％锰锌·霜脲可湿性粉剂 500 倍液，或 12.2％霜霉威盐酸盐水剂 800～1 000 倍液，或 69％锰锌·烯酰可湿性粉剂 1 000 倍液，或 70％代森锰锌可湿性粉剂 500 倍液等进行喷雾。每次间隔 10 天左右，根据病情喷药 1～3 次。喷药时应注意农药的安全间隔期及不同药剂间交替使用。

(2)炭疽病　主要危害叶片和茎。发病初期叶片先出现暗绿色水渍状小斑点，后扩大为灰褐色病斑，病斑圆形，边缘褐色，略微隆起，严重的病斑融合，引起叶片早枯，病斑上生有黑色小粒点，湿度大时病部溢出黏状物。茎部发病病斑为褐色，长椭圆形，略凹陷。

防治措施：

①合理轮作，选用抗病品种。使用无病种子，对种子消毒，用种子重量 0.4％的 50％多菌灵可湿性粉剂拌种。

②加强田间管理，在苋菜生长期应合理施肥、浇水，及时中耕除草，提高植株抗病力。

③药剂防治　棚室或露地发病初期喷洒 50％咪鲜胺(施保功)可湿性粉剂 1 500 倍液，或 80％炭疽福美可湿性粉剂 800 倍液，或 25％溴菌清(炭特灵)可湿性粉剂 500 倍液，或 68.75％恶唑菌酮·锰锌(易保)水分散粒剂 800 倍液，或 50％混杀硫(甲基硫菌灵·硫黄)悬浮剂 500 倍液，或 2％抗霉菌素水剂 200 倍液，隔 7～10 天 1 次，连续防治 2～3 次。使用百菌清烟剂的采收前 3 天停止用药。

(3)褐斑病　主要危害叶片。叶片病斑圆形至不定形，黄褐色，后病班中部褪为灰褐色至灰白色，病健部分界明晰，病斑两面均可见密生小黑点。即病原菌分生孢子器。

防治措施：

①注意田间卫生，结合采摘叶片收集病残体携出田外烧毁。避免田间积水，避免偏施氮肥，使植株健壮生长，增强抵抗力。

②化学防治　发病初期开始喷洒 50%异菌脲可湿性粉剂 1 500 倍液，或 60%琥·乙膦铝可湿性粉剂 500 倍液，或 80%代森锰锌可湿性粉剂 800 倍液，或 40%多·硫悬浮剂 500 倍液，或 75%百菌清可湿性粉剂 800 倍液，或 40%增效瑞毒霉可湿性粉剂 1 000 倍液，或 10%苯醚甲环唑可分散粒剂 2 000 倍液等药剂，隔 10～15 天 1 次，连续防治 2～3 次。收获前 10 天停止用药。

(4)病毒病　此病在各生育期均可发生，以苗期发病较多。全株受害，早发的病株明显矮缩。迟发的病株叶片皱缩或卷曲，叶片不展平，有的出现轻花叶，有的出现坏死斑点。嫩梢节间缩短，腋芽丛生，病株矮化畸形，严重时生长点及嫩梢变褐坏死。

防治措施：

①选用抗病耐热品种，播种无病种子，建立无病留种田。

②适期播种，播前、播后及定植及时铲除田间杂草，剔除病苗。高温干旱时保持畦面湿润，降低地温。

③及时防除蚜虫和蓟马。

④发病初期及时喷布 10%混合脂肪酸水剂（83 增抗剂）100 倍液，或 20%盐酸吗啉胍·乙酸铜（病毒 A、病毒清）可湿性粉剂 500 倍液，或 5%菌毒清（菌必清）水剂 500 倍液，隔 7～10 天 1 次，防治 2～3 次。采收前 7～10 天停止用药。

(5)蚜虫　防治方法同荠菜害虫防治部分。

(6)菜粉蝶　菜粉蝶成虫又名菜白蝶、白粉蝶、白蝴蝶、粉蝶，其幼虫称菜青虫。危害方式主要是其幼虫剥食和蚕食寄主叶片，还引起软腐病的侵入。2 龄前幼虫只能啃食叶肉，留下一层透明的表皮；3 龄后幼虫可蚕食整个叶片。

防治方法：

①生物防治　可采用细菌杀虫剂，施药适期宜掌握在卵盛期后3～5天。如国产Bt乳剂或青虫菌六号液剂，通常采用500～800倍液稀释浓度。

②生理防治　可采用昆虫生长调节剂，如国产灭幼脲1号或灭幼脲3号20％或25％胶悬剂500～1 000倍液，但此类药剂作用缓慢，通常在虫龄变更时才使害虫致死，施药时间较普通杀虫剂需提前2～5天。

③化学防治　可选用10％氰戊菊酯（杀灭菊酯）乳油1 500倍液或10％氯氰菊酯乳油1 500倍液喷雾防治。

(7)菜蛾　菜蛾又称小菜蛾、方块蛾，幼虫俗称吊死鬼、小青虫。主要以幼虫危害嫩叶、心叶，全国各地均有发生。初龄幼虫钻食叶肉，留下表皮，在叶柄、叶脉内蛀食形成小隧道，在菜叶上形成一个个透明的斑，农民称为“开天窗”。3～4龄幼虫不再潜叶，即在叶背取食叶肉，将菜叶食成孔洞和缺刻，严重时全叶被吃成网状。

防治方法：

①农业措施　避免连作；及时处理残株败叶并翻耕土地，以减少虫源。

②物理措施　灯光诱蛾：利用成虫具有趋光性的特点，于发生期，安装黑光灯诱杀成虫。性诱剂诱蛾：用雌蛾活体的粗提物诱蛾，把粗提取物涂到纸条上，挂在田间招引雄蛾进行诱杀。

③生物防治　在温度20℃以上时，可用杀螟杆菌500～800倍液进行防治。

④化学防治　搞好预测预报，在幼虫发生期喷药时应尽可能地把药喷入心叶和叶背，常用的药物有：20％氰戊菊酯乳油3 000～5 000倍液，或2.5％溴氰菊酯乳油2 500～5 000倍液，或10％氯氰菊酯乳油2 000～3 000倍液。

66.怎样利用设施反季节栽培苋菜?

北方地区日光温室在2月播种,可在4月上中旬上市;在6月中旬至7月中旬分期播种,其生长快,采收早,可在8~9月份蔬菜淡季供应;在11月中下旬播种,春节前后上市。

播种时地温最好稳定在15℃,温度控制在23~27℃。

(1)苋菜春早熟大棚栽培技术

①品种　适宜大中棚春早熟栽培的品种。如产量高、抗逆性强、耐寒的彩色苋,红圆叶形的大红袍等品种。

②整地施肥　前茬作物收获完后,于1月中旬耕耙,根据地形开沟做畦,抢墒扣棚,以利防雨、控湿、增温。

苋菜生育期短,具有极强的吸肥能力,结合整地每亩施腐熟粪肥4 000~5 000千克,于播种前10~15天施于土壤中,再于播种前2~3天施入土壤中复合肥25~50千克。

③播种　在1月下旬至2月中旬抢晴天播种,播种前一天,浇足底水,第二天疏松畦面,使其上虚下实,然后播种,1米^{2}用种量0.5~1千克。播后立即覆盖地膜,加盖小拱棚,密闭。

④田间管理　苋菜喜温耐热,早春栽培保温措施至关重要。从播种到采收棚内温度要保持20~27℃,需要用2~3层覆盖即大棚里面套小棚,特别寒冷时在小棚上再加盖一层薄膜或草苫等保温材料。

出苗后如遇天气晴好结合施肥浇水,低温严禁浇水。浇水施肥的方法是均匀撒入复合肥,将水抽入沟中,泼浇清粪水(在采收后1~2天进行),每采收1次,泼1次水,追1次肥。复合肥每亩每次用量10~15千克,稀粪水每亩每次用量350~500千克,浓度为1份粪肥对9份水。

还要注意通风透光的管理。苋菜在出苗前以保温为主,大棚及小拱棚四周扎紧密闭,苗全后及时揭地膜并通风,方法是先小后大,即先将大棚两头打开,内棚关闭,后揭小棚膜,大棚两头关闭,两种方法交替使用，在不使苋菜受冻的情况下让其多见光，当温度稳定在 20～25℃时，揭去小拱棚并同时打开大棚的两头，通风时间选晴天中午，每次 2 小时。

⑤采收　播种至第一次间苗上市 30～35 天。当株高达到 15 厘米左右，8～9 片叶时，间大苗上市，并注意留苗均匀以提高产量。间苗后浇一次清粪水，以后每 2～3 天可采收一次并浇一次清粪水，全生育期 55～65 天。其间，当苋菜长至 4～6 片叶时，每亩施用稀土 40 克，喷施浓度 40 毫克/千克，共喷 2 次，4 叶 1 心时用 8 000 倍的植保素叶面喷施。另外，苋菜多次采收后要进行整枝，即主枝采收后，在主枝基部 2～3 节剪下嫩枝，以促进侧枝萌发，提高产量。

(2)苋菜冬暖大棚栽培技术

①品种选择　选用抗逆性强、产量高、耐寒的彩色苋，尖叶形的如尖叶红米苋、尖叶花红和圆叶形的大红袍、全叶红等品种。

②整地适期播种　11 月初将地块深翻 15～20 厘米，每亩施入腐熟有机肥 5 000 千克和磷酸二铵 25 千克作为基肥，然后做平畦。11 月中下旬为适播期。播前平畦内浇足底水，按每亩 3～4 千克的用种量进行干子撒播。撒播时将种子掺上适量的细土，拌匀，然后均匀地撒到畦面上，播后覆 0.5～1.0 厘米厚的过筛细土，再覆盖一层地膜保温保湿。

③追肥浇水　子叶出土后要及时撤除覆盖的地膜，以利幼苗生长。幼苗长至 2 片真叶时第 1 次追肥，约 2 周后第 2 次追肥，第 1 次采收后第 3 次追肥，以后在每次采收后都要追肥 1 次，追肥要结合浇水进行，每次每亩可追施硫酸铵 10 千克。浇水时要注意，大棚内温度高时可多浇水，温度低时要浇小水。

④适时采收　一般在苗高 15～20 厘米、具有 5～6 片叶时通过间苗采收大苗，收大留小、留苗均匀，以增加后期产量。植株高 25 厘米时可在基部留 10 厘米左右，割收上部的嫩梢上市，以后可根据苋菜的长势每隔 20 天左右割收 1 次嫩梢。

(3)苋菜日光温室栽培技术　在高效节能日光温室,可以根据需要周年播种生产。

①整地播种　每亩施优质农家肥2 000千克,过磷酸钙50千克,普遍施于地面,深翻15厘米,整地做畦,畦宽1米,浇水造墒后,畦面撒细土,然后均匀撒播,每亩用种量1千克,覆土0.5厘米左右,进行畦面保墒,保证一播全苗。

②管理　幼苗长到2片真叶时,进行第一次追肥,经过12天再进行第二次追肥,第一次采收后进行第三次追肥,以后每采收1次追1次肥。追肥以氮肥为主,采取追施化肥水的方法,即浇施300倍尿素水或硝铵水,每亩每次施尿素5千克或硝酸铵7千克。

③采收　出苗1周左右,当苗高10～15厘米长有5～6片真叶时,就可以结合间苗进行第一次采收,再间再收,最后使株行距达到35厘米见方,以后转入采摘嫩茎叶。割取嫩茎叶时,下部要留5厘米左右的根茬,以促使其再发新枝,再度收获,一般可以割收3茬。

67.怎样采收苋菜?

苋菜是一次播种、分批采收的叶菜。间拔收获和割收可结合进行。播后45～50天、苗高12～15厘米、有5～6片叶时进行第一次采收,将大棵和过于密集处的苋菜先收获。植株高达25厘米左右在植株基部留茬8厘米左右,割收嫩梢上市。以后注意苋菜个体发育和群体生长,1周后侧梢长到10～15厘米长时,手工采集嫩梢一次,过半个月在距地面10厘米处进行第二次割下,等留茬的芽长出侧梢10～15厘米后,再进行下次采收。以后为促进后茬苋菜的生长,及时进行追肥、浇水,加强管理。

68.苋菜怎样留种?

在黄淮流域,苋菜留种可选用较纯正的苋菜品种春播,栽培管理与生产田相同。等植株长到15～20厘米高时,可结合间苗、定苗，间拔收获一部分植株，使株、行距各达到30厘米以上。也可以分为两次间拔，使留下的植株生长健壮。种株不进行采收。一般是7月份开花，种子于秋季成熟。种子成熟后易落粒，要注意分次采收。种子成熟后割取花序，晾干脱粒清选，贮存备用。

在常州、宁波等地分春季留种和秋季留种，直播留种和移栽留种。春季直播留种，在4月上旬播种，7月中旬开花时选留优良种株，8月份种子成熟。直播留种因年年有提前抽薹的趋势，在常州、宁波等地菜农春季用移栽采种法留苋菜种子。在秋季留种采用直播，在7月上旬播种，10月种子成熟。

69. 怎样食用苋菜？食用注意事项有哪些？

(1)苋菜的食用　苋菜原是一种野菜，近几年才摆上餐桌。因其富含多种人体需要的维生素和矿物质，有的地区把苋菜称为“长寿菜”，民间认为它补血。同时对于增强体质，提高机体的免疫力，促进儿童生长发育，加快骨折愈合，减肥排毒，防止便秘，是贫血患者、临产孕妇的绝佳美食。苋菜清热解毒，适宜夏季食用。食用方法很多。

①凉拌　主料：苋菜、大蒜。将苋菜洗净，放入沸水中焯一下捞出；大蒜捣成泥状，将焯好的苋菜放入盘中，放蒜泥、盐、香油、味精，拌匀即可。此菜清淡凉爽，具有开胃助食的功效，适用于胃纳不佳，饮食不香，脘腹痞满等病症。

②做汤　苋菜400克，取嫩尖洗净；锅内下麻油，烧热，入苋菜，旺火炒片刻，再加高汤文火煨熟，起锅装入碗中。此菜清淡凉爽，可通利二便，是燥热便秘患者的理想食疗佳品。

③炒　苋菜洗净，取嫩尖；炒锅上火，倒入色拉油，油烧至五成热时将葱丝投入，炒出葱味投入苋菜颠炒两下，放盐、味精各少许，拌炒后即可出锅。如加入适量虾仁，具有补虚助长的功效，尤宜儿童食用。

④做粥　紫苋菜150克，粳米60克。将苋菜洗净，切碎，放入

锅内，加入洗净的粳米，再加适量水和盐，武火烧沸，改为文火煮粥。此粥具有清热止痢的功效，适用于老年体虚，大便不畅，急性菌痢，急性肠炎等病症。常食之可益脾胃，强身体。

⑤做馅　将苋菜嫩茎叶洗净入沸水焯后，稍攥、剁碎，加佐料调成馅（也可加肉或鸡蛋）包饺子或包子。

（2）食用苋菜应注意事项

《本草求原》："脾弱易泻者勿用。"平素脾虚便溏，或胃肠有寒气，容易发生腹泻之人忌食。

《随息居饮食谱》："痧胀滑泻者忌之，尤忌与鳖同食。"因此，苋菜忌与甲鱼和龟肉一同食用。

八、蕨　　菜

70. 蕨菜有哪些别名？产地、分布在哪里？

蕨菜别名蕨苔、龙头菜、如意菜、拳头菜、蕨儿菜、山蕨菜、拳菜、龙须菜、米蕨等。为蕨类、蕨科多年生草本植物，在植物学上叫蕨。植物学上叫做蕨菜的与蕨是两个不同的种，我们山野菜栽培所讲的蕨菜是指植物学上的蕨。其食用部分是未展开的幼嫩叶和嫩芽。

蕨类植物分布几乎是世界性的，在我国分布非常广泛，从东北、西北到东南及华中、华南各地区，海拔 200～1 800 米地段都有生长。但南方地区种类多、数量大，其次为云贵川地区、河北燕山及东北长白山区均是我国蕨菜出口基地。喜生于浅山区向阳、土壤湿润、腐殖质层较厚、微酸性土壤，生长于阔叶林或混交林中，在林缘、草甸、沟旁也有生长。

71. 怎样识别蕨菜？

(1)茎　植株高 1 米左右。根状茎长(图 18)，在地下 20～30 厘米深处匍匐延伸生长。每年 2～7 月份从根状茎上长出地上茎(图 19)，新长出的嫩茎圆柱形，着生茸毛，绿色或紫褐色，先端新生叶蜷缩形似猫爪，此时的嫩茎为采集的蕨菜。

(2)叶　新叶未展开时上部向内卷曲，密生成绒毛；展开后呈三回羽状复叶，呈阔三角形或长圆三角形，长 30～60 厘米，宽 28～45 厘米。叶背常有毛，成长叶片为草质，叶柄长，无毛(图 20)。

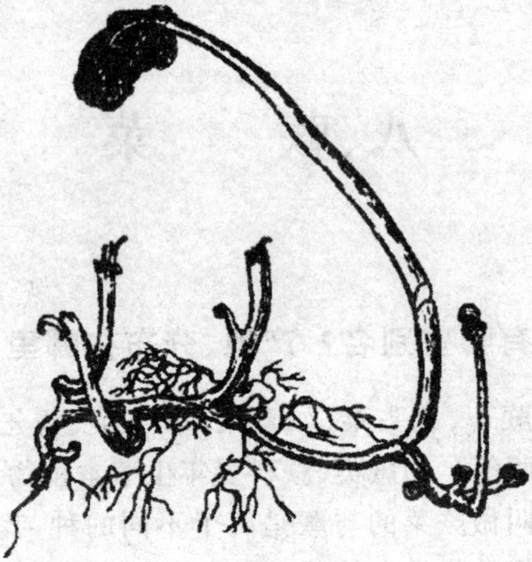

图 18　蕨菜的根状茎

图 19　蕨菜的地上茎

(3)孢子囊　叶缘向内卷曲,夏初在叶的背面生有孢子囊,其中生有孢子。孢子囊群条形,沿叶缘边脉着生;囊群盖条形,有变质的叶缘翻卷而成的假盖(图 21)。在东北地区,一般在 4 月下旬幼苗出土,5 月中下旬叶片展开。孢子囊 7 月份成熟,放出孢子,10 月中旬以后枯黄。

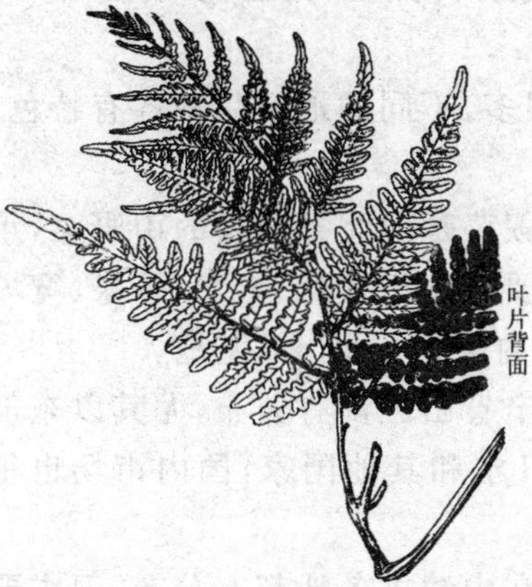

图 20　蕨菜的叶片

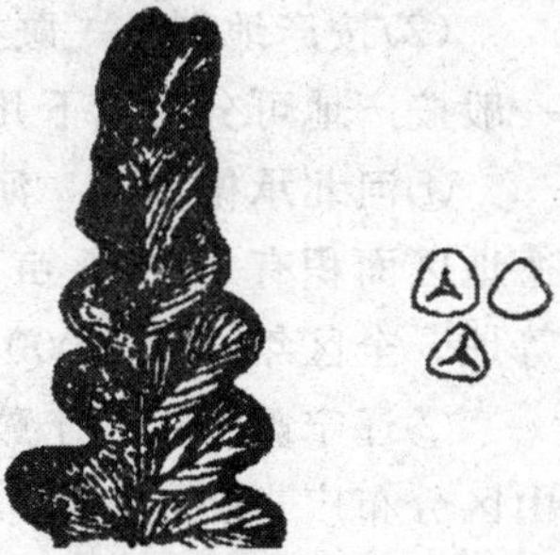

图 21　蕨菜的孢子、孢子囊

(4)原叶体　孢子成熟后散落,在适宜的条件下萌发成一个很小的、一般为心脏形的扁平体,叫原叶体。原叶体含有叶绿素,能进行光合作用,独立生活。原叶体接触地的一面生有假根,雌雄生殖器官都生在这一面,假根起固着作用。雌的叫颈卵器,状如烧瓶。雄的叫精子器,球状。精子器产生卷曲螺旋形多鞭毛的游动精子,与颈卵器中的卵受精后形成胚,从原叶中吸取养料,逐渐形成具有根、茎、叶的独立植株。

(5)根　根状茎上着生不定根,为水分和矿物营养的吸收器官。

72. 蕨菜有哪些品种?

(1)按生态类型划分

①陆地品系。

②温室大棚品系。

③林地品系　在此品系中还细分到黑土、黄土、沙壤土等5～6个品种。

(2)按产地划分　蕨菜种类很多,不同的地区品种各有特色,一般按产地可分为以下几种:

①河北承德蕨菜　河北承德蕨菜是河北省著名的山野菜,承德地区面积有49.5万亩以上,主要分布于隆化、丰宁、平泉、宽城等地。全区年产量1 000吨,是国内蕨菜主要出品基地。

②辽宁蕨菜　辽宁蕨菜在辽宁省山区都有分布,尤其以东部山区分布广,数量多。主要出口日本和其他国家,国内市场也很畅销。

③内蒙古蕨菜　内蒙古蕨菜在内蒙古各地都有分布,但主要产区在赤峰市、兴安盟等地,年产量约200吨。当地采摘期在6月份。

④吉林蕨菜　吉林蕨菜在吉林省内山区均有分布,产量多。每年5月份开始上市,主要出口韩国,且国内销售情况也很好。

⑤黑龙江蕨菜　黑龙江蕨菜在海拔200～800米的高山地带都有分布,多与杂草混生。

⑥贵州蕨菜　蕨菜在当地的采摘期为3月中旬至8月份。

⑦湖南蕨菜　在岳阳山区也有蕨菜分布,当地春天的时候是蕨菜的采摘期。本地的蕨菜分布很散,一般都是农户自己摘些用于食用和招待客人。

⑧食用巢蕨　俗称山苏花、山苏蕨等,属铁角蕨科,铁角蕨。原产中国台湾地区及东南亚一带。常附生于阴湿的树干和岩山缝隙中。叶片优美犹如海带,切叶是插花的最好配材。嫩叶光滑鲜

绿，适合炒煮、烩、凉拌，且烹调不易变色，口感香脆可口，无苦涩异味，是一道上等的野菜佳肴。

73. 蕨菜有哪些营养价值？

蕨菜嫩茎、叶可食，富含营养，是一种营养保健型的山野菜，各项营养成分大多较番茄、萝卜、大白菜高，尤其是蛋白质、脂肪、粗纤维和铁的含量（表 6）。蕨菜中含有 17 种氨基酸和 15 种脂肪酸，其中人体所必需的氨基酸占 39.4%。还含有胆碱、麦角固醇等营养物质。具有清香适口、风味特殊等特点。享有“山菜之王”的美誉。

表 6　蕨菜每 100 克野生蜷缩状鲜嫩茎叶中所含营养成分

营养成分	含量（克）	营养成分	含量（毫克）	营养成分	含量（毫克）
水	86.8	维生素 C	32	钙	22
蛋白质	1.7	胡萝卜素	1.84	磷	48
脂肪	0.5	维生素 B_1	—	铁	2.6
碳水化合物	—	维生素 B_2	0.13		
膳食纤维	1.8	尼克酸	—		

注：根据李海燕等主编《栽培蕨菜与野生蕨菜和常见栽培蔬菜营养成分的对比分析》、《安徽农业科学》2008，14. 资料制表。

74. 蕨菜有哪些药用价值？

蕨菜味甘、性寒。具有清热、滑肠、降气祛风、利痰等功效。据《本草纲目》记载：蕨菜能“去暴热、利水道、令人睡、补五脏水足、气壅经络骨间毒气”。现代研究认为，蕨菜中的蕨素对细菌有一定的抑制作用，能清热解毒、杀菌消炎。蕨菜的某些有效成分能扩张血管，降低血压；所含粗纤维能促进胃肠蠕动，具有下气通便的作用；蕨菜能清肠排毒，民间常用蕨菜治疗泄泻痢疾及小便淋漓不通，有一定效果。

蕨根中含有约40%的淀粉，蕨菜可制成粉皮，代粮充饥，有补脾益气，强健机体，增强抗病能力，为滋养佳品，并能减肥。

75.蕨菜生长要求怎样的环境条件？

蕨菜的抗逆性强，适应性广，喜湿润、凉爽、土壤肥沃的环境条件。对光照不敏感，对水分要求严格，不耐干旱。

(1)温度　蕨菜喜凉爽的气候，适应范围广，在地温5℃以上时开始生长，生长的最适温度为15～20℃。在地温12℃，气温15℃时叶片开始迅速生长，在32℃高温下能正常生长，－36℃时根状茎在地下能安全越冬，嫩叶在－5℃以下才会遭受冻害。孢子发育的适宜温度为22～28℃。

(2)光照　蕨菜对光照不甚敏感，强光或弱光下均能正常生长。幼株喜欢荫蔽处或散射光线环境。光照时数较长的情况下，生长发育较快，植株健壮高大。

(3)土壤及养分　蕨菜能耐瘠薄的土壤。蕨菜属深根性植物，最适合在有机质含量丰富、土层深厚、排水良好、植被覆盖率高、中性或微酸性的土壤生长。湿润的土壤有利于蕨菜的生长。对土壤的要求一般应具备能保持湿度和空气通透等条件。

人工栽培应模拟野生环境，选择适宜的立地条件，选择坡度在25度以下、土壤肥沃、土质疏松、土层深、腐殖质厚、有机质含量高、水分含量足的微酸性土壤，pH在5.5～6.5、排水方便、空气湿度大的地块。

76.怎样采集蕨菜孢子？

蕨菜孢子的成熟期在北方地区是7月上旬至8月上旬，当叶缘的孢子囊由绿色变为深褐色，晃动叶片往下掉时，应及时采收。

采集孢子时用干净剪刀将带有成熟孢子囊的叶片剪下，放入干净光滑的白纸袋或干净的培养皿内，置于通风阴凉处，1周左右当孢子完全脱落后，除去碎叶片和杂物，收集散落的孢子，装入干燥的磨口瓶中，置于燥凉爽处待用。当年采收的孢子当年播种，萌发率在90%以上。

77. 怎样用孢子进行繁殖?

(1)制作培养基质　取腐熟弱酸性菜园土加泥炭土、河沙、草皮土拌匀过筛，制成混合土，然后用蒸汽灭菌30分钟。

在播种容器中先放进1/3厚的碎石、粗河沙，上面再加混合土，土面略低于容器，土壤湿度95%左右。盖上报纸或塑料薄膜备用。

(2)孢子处理　将发育成熟的孢子在播种前用300毫克/升的赤霉素处理15分钟，促进孢子萌发。

(3)播种孢子　将处理过的孢子均匀地撒播在培养基质上，不必盖土，但要覆盖报纸或塑料薄膜，遮阴保湿。

(4)孢子培养　将播种好的容器移到温床或培养箱中培养，温度保持在25℃、湿度80%以上，光照每天4小时以上。约需1个月时间，孢子开始萌发。

从孢子萌发长成丝状体，然后长成淡绿色扁平心脏形或扇形的早期原叶体，即配子体，此期不需要过多的水分。

当原叶体长到宽5～6毫米时，颈卵器和球形精子器已经成熟。此时要为受精过程创造条件，这时每天喷雾2次，连续1周，精子借水流动出来与卵结合形成胚。逐渐发育成孢子体小植株。

(5)培育幼苗　从原叶体颈卵器中长出的孢子体，最初只看到一个很小的叉形叶，以后蜷缩的幼叶陆续从蜷缩的茎中长出，形成幼苗。

当孢子体长出3～4片叶时进行第1次移栽，按4厘米×4厘米的株行距离，将幼蕨从育苗盘移入温床中进行培育。至幼苗叶柄明显伸长，根茎向下生长，可移植到栽培的大田里。此时土壤需保持湿润，进行遮阴。

(6)定植　当苗高10～12厘米时,带土移栽。在整地前每亩施入腐熟农家肥5 000～7 000千克,结合整地使其与土壤均匀分布。移栽时挖直径20厘米、深15厘米左右的定植穴,按1米^2 10株的密度摆放,株、行距各为30厘米。然后用土填充幼苗周围12厘米。立即浇一次透水,水渗下之后覆土。

78.如何利用蕨菜根状茎繁殖?

根状茎繁殖是将匍匐茎进行分段栽培,也可将直立的根状茎纵切为2份栽培,但每段上必须带根带叶才易成活。

(1)采集根茎　秋后蕨菜地上部分叶枯后或春天大地化冻后蕨菜萌芽前,采挖蕨菜根茎。根茎分布在10～30厘米土层内。根茎细长,直径在0.5～0.8厘米,节间长8～20厘米。采挖时避免伤根碰芽。在上冻前直接栽植或假植于背风向阳处或地窖中,待翌春栽植。

(2)根茎培养　采挖后选择无病害、无伤口的根茎,每个节剪成一段,每段长8～10厘米,剪好后即可栽植。选富含腐殖质、土层深厚肥沃、光照条件好的土壤,施入充分腐熟的有机肥料,深翻、整地、做床。在床上按行距20厘米开沟,沟宽60厘米,沟深10厘米,将剪好的根段栽在沟内,覆土6～8厘米,再覆盖落叶或稻草,以不露土为宜,保温保湿。春栽20天以后即可出苗。栽后经常除草,适时浇水。经一年的培育,根茎粗度可达1～1.5厘米。在秋末叶枯后,有计划地挖取部分根茎,假植于窖内,以用于温室栽培或扩大栽培。

(3)栽植根状茎　在整地前每亩施入腐熟农家肥5 000～7 000千克,结合整地使其与土壤均匀分布。按15厘米行距开12厘米宽、10厘米深的定植沟,并按5厘米芽距调整摆放根段,然后覆土10厘米,浇透水,用耙子搂平。在垄或畦上覆盖3厘米厚的树叶或稻草,土壤湿度始终保持60%以上。

79.蕨菜生长期田间管理应当怎样进行?

(1)露地栽培　栽植后第一年田间管理的任务是抓苗,做到苗齐、苗壮,土壤湿度必须保证在55%～60%,浇完水后可覆盖树叶或稻草、干草起避光和保湿作用。生长发育期多中耕除草,可少留一些长势较高的草为蕨菜遮阴。入冬前,适当修剪老叶,并覆盖干草,防寒越冬。入冬上冻时浇一次透水,即灌冬水。

第二年的任务是培育根系,使根系粗壮形成多芽。

初春最重要的管理是修剪,务必在嫩叶长出前剪去衰老枯死的叶片,清理到地外,保证地面清洁,便于出苗和管理。同时,要及时施肥促进生长,在地面上撒施腐熟的有机肥,厚度在2～3厘米,不能过厚,以免影响出苗。结合施肥浇一次透水。幼苗出土后,要及时松土除草,减少养分消耗,促进幼苗生长。

夏季绝大多数蕨菜植株还会继续长出新叶,仍需提供充足的肥料,一般20天追1次肥。干旱时要及时浇水,保持土壤湿润,满足蕨菜生长所需的湿润环境条件;雨季注意不能积水,要及时排水防涝,避免烂根死亡。

秋季蕨菜植株的生长速度开始变慢,水分的需要量也逐渐减少,浇水施肥也应减少或停止。此期不要过多地修剪老叶片,因为老叶覆盖在植株周围有保温作用。

第三年在大地解冻后,用耙子将地表土松动,但不可太深,一般为3厘米左右,每亩施腐熟的鸡粪2 000千克于地表,浇1次透水即可,其他管理同上一年。

(2)蕨菜设施栽培　第一年以养根窜根为主,大棚温室因生长周期长,水分条件好、温度高、生长快、行距近,一般第二年即可采收。第三年进入盛产期,第四年进入丰产期。

栽植后要及时盖膜,以促进萌芽。萌芽期要求地温在15℃以上,气温在20℃以上,出芽后为加速生长,要求气温达到25℃;移栽后1周内需全天覆盖,以后白天适当通风换气;当气温超过

30℃时，棚四周裙膜可掀起，并加盖遮阳网及草帘进行降温。

蕨菜生长喜湿润环境，因此栽植后，土壤始终要保持湿润状态。经常用洒水壶喷水，但不可渍水。第一批芽苗出土后就要及时追施速效肥料（人粪尿或磷酸二氢钾），以后每采摘一批就追肥1次。

采用中棚双膜覆盖栽培，能提早1个月上市，最早能在2月初春节期间上市，当苗高30厘米左右，新叶卷曲未展开时，即可采收，2～3天1次。

大棚蕨菜在管理上应该注意倒春寒对其的不利影响，地上蕨菜出芽时在0℃以下宜发生地上部分冻害，可造成枯黄、老化、死亡等，但对地下根茎不会有影响，可采取晚扣棚或大棚中加扣小棚和降温天加热增温上草帘等措施进行预防。

80. 商品蕨菜应当如何采收？

蕨菜栽植第一年一般不采收，以利发根壮根，培植根茎，种植1次可采收10年左右。

以4～6月份采收为宜，最好每天上午9时以前采收完毕。当蕨菜长到20～25厘米高，叶柄粗壮脆嫩，羽状小叶苞尚未展开（即“抱拳”），此时是采收的最佳时间。叶片展开后，叶柄从基部向上快速木质化，随即失去食用价值。

采收时可用刀或手距地面1～2厘米处一根一根地采下，采收时要大的先采，小的达标后再采，好的早采，细菜、折菜要保留，以便进行光合作用以利根茎生长。采下的蕨菜轻轻放于底部垫有青草的筐内，并在筐的最上面再盖1层青草，以防失水老化。每7～12天采收1次，可连续采收多次。供鲜食的要随吃随采，加工腌渍品的要扎成6厘米粗的小把，加工干菜的可不扎把。当日采收的要当日加工。

出口蕨菜要求长度16～22厘米。采后要把绿茎菜、紫茎菜分别装筐。采后应及时清理，剔除杂物。把同一长度的放在一起，扎成 6 厘米粗的小把，用刀切去硬茎的老化部分。每年 4～6 月份采集。

81. 怎样食用蕨菜？食用注意事项有哪些？

蕨菜的幼嫩叶茎，是别具风味的野菜佳品。

（1）鲜食　春季采集其嫩叶、嫩芽鲜食，鲜品在食用前也应先在沸水中浸烫一下后过凉，以清除其表面的黏质和土腥味。

（2）凉拌　将采摘回的蕨菜洗净后，放入开水中烫煮 5～10 分钟，用清水浸泡 1～3 小时，每隔 1 小时换 1 次清水，捞出挤去多余水分，即可调味食用。

（3）炒　炒食适合配以鸡蛋、肉类。尤其与肉类搭配烹饪，口感、味道甚佳。

（4）制干菜　蕨菜干加工工艺包括采集、清洗、烫漂、晒干即成。吃时用温水泡发，再烹制各种美味菜肴。

（5）盐渍　盐渍蕨菜的加工工艺包括采集、整理分级、捆把、腌制（初腌、复腌）、装桶、包装等。

一般人群均可食用，不宜多食，脾胃虚寒者慎用。

九、苦 荬 菜

82. 苦荬菜有哪些别名？产地、分布在哪里？

苦荬菜别名为苦荬、苦丁菜、苦球菜、山莴苣、老鹳菜、盘儿草、鸭舌草、兔仔草、牛舌草、土蒲公英、黄花菜、苦碟子、败酱草等。为菊科多年生草本植物。在欧洲民众俗称其为“牛奶菜”。

全国各地均有分布。多生长在田野，路边，较低的山坡等处。

83. 怎样识别苦荬菜？

(1)茎　株高 30～70 厘米，有匍匐生长的地下茎，地上茎直立，全株无毛。茎中空有棱，有分枝，上半部绿色，下半部紫绿色。

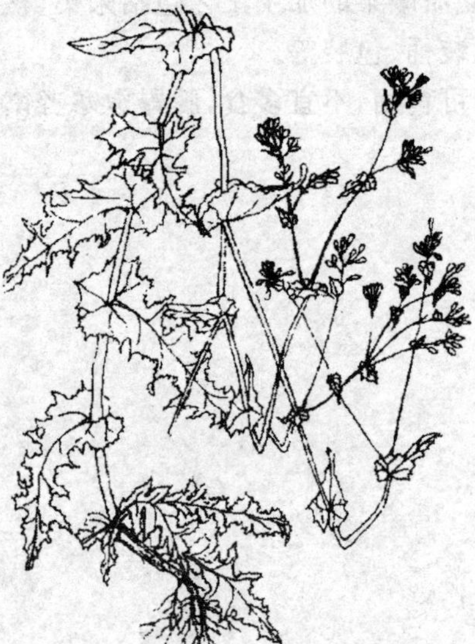

图 22　苦荬菜

图 23　苦荬菜花

(2)叶　基生叶丛生，卵形、长圆形或披针形、花期枯萎；茎生叶抱茎互生无柄，舌状卵形；多具羽状深裂，叶缘不规则锯齿。

(3)花　黄色舌状小花，头状花序排列成伞房状。

(4)果实　成熟的果实为红色或红褐色瘦果，纺锤形，稍扁，具白色冠毛，味苦、微酸涩。

(5)特性　植株的根、茎、叶中有白色乳汁。

84. 苦荬菜的营养价值有哪些?

苦荬菜营养丰富，含较多的蛋白质、粗纤维、维生素 C。还含有丰富的矿质，如钙、铁、磷等(表 7)。另外还含有油脂、胆碱、甘露醇、左旋肌醇、苦味素等成分，并且含有 17 种氨基酸，其中 8 种是人体必需氨基酸，特别是精氨酸、组氨酸和谷氨酸含量较高，它们对提高人体免疫力和保肝具有良好的作用。

表 7　苦荬菜每 100 克鲜嫩茎叶所含营养成分

营养成分	含量(克)	营养成分	含量(毫克)	营养成分	含量(毫克)
蛋白质	2.2	维生素 C	24	尼克酸	—
脂肪	0.4	胡萝卜素	—	钙	130
碳水化合物	4	维生素 B_1	0.2	磷	—
粗纤维	0.6	维生素 B_2	0.34	铁	4.9

注：徐践《野菜栽培与加工》资料制表。

85. 苦荬菜的药用价值有哪些?

苦荬菜味苦、性寒、无毒，具有清热、解毒、凉血、降压、滋肝明目、补气养血、去五胀邪气等功效。适用痢疾、肺痛、头痛、牙痛、胃肠炎、黄疸、痔瘘、疔肿、毒虫咬伤等症。近代医学证明，苦荬菜有消炎、杀菌、抗病毒、清除人体自由基、抗癌等作用。苦荬菜丰富的维生素及微量元素，是抗衰老、增强抵抗力、防癌抗癌、补钙、促进儿童生长发育的有效成分。常食苦荬菜可以防治多种细菌或病毒引起的感染症，提高人体免疫力，还能增加心肌营养性血流量、改善心肌微循环，有益于冠心病的治疗。富含的铁、铜、镁、锌等矿物质可治疗贫血等病。

86. 苦荬菜生长需要怎样的环境条件？

苦荬菜喜温暖湿润气候，既耐寒又抗热。一般北方在 3～6 月份均可播种。南方春、夏季均可播种。当土壤温度 5～6℃时，种子即能萌发，15℃以上生长加快，25～35℃时生长最快。耐热性强，在夏季 35～40℃高温条件下，只要保持水肥供应，生长仍十分旺盛，产量极高。耐寒性较强，成株可抵抗－7～－5℃的冬季低温。苦荬菜对水分要求较高，但不耐积水。对土壤要求不严格，各种土壤均可种植，但在排水良好的肥沃壤土上生长良好。耐轻度盐碱，在 pH 小于 8.0 的碱性土壤上生长良好。苦荬菜耐阴，也可在果林行间种植。

87. 怎样用种子繁殖苦荬菜？

用种子繁殖具有明显的野生苦荬菜的性状，苦味较浓，植株生长势好，抗性强；繁殖材料携带方便，并有利于野生资源的保护和合理开发。

（1）采集种子　苦荬菜种子均采自野生种，由于其成熟度不是很均匀，应及时采收，一般 9 月下旬至 10 月中旬，当瘦果具有冠毛变褐，种子呈棕色或黑色时，表明种子成熟，即可采收，否则易被风吹落。经晾干、揉搓、筛净，装布袋置阴凉处贮藏备用。种子有休眠期，春播需冬藏或低温处理，使用年限 1～3 年。

（2）田间直播　春、夏、秋季可播种，以春播为好。春播在 2 月底至 3 月初，秋播在 9～10 月份。播种前深耕整地做畦，畦宽 1.0～1.2 米，使土细疏松面平。用钙镁磷肥或草木灰拌匀种子，在整好的畦内按 25～30 厘米行距开沟，将种子均匀撒入沟内。播幅一般为 5～6 厘米，覆土 0.5～1.0 厘米厚，然后稍加镇压、浇水。浇水后用稻草或地膜覆盖，防止土壤板结。1 周可出苗，40～50 天可采收。

(3)育苗移栽　在早春低温季节，可用温室或阳畦育苗，然后移栽到大田。每亩用种量为 0.5～0.6 千克。苦荬菜出苗后真叶生长缓慢，一般在苗龄 30 天，5～8 片真叶时移栽。按照株行距 20 厘米×35 厘米，开 10 厘米深的穴，选株高 10 厘米健壮秧苗，每穴栽 2～3 株，覆土压实，栽后立即浇水，晴天时遮阳，保持较高温度以促进苗菜生长。

88. 怎样用根状茎繁殖苦荬菜？

根状茎繁殖，品种纯正，混杂现象较少，方法简便，管理容易。繁殖前也需做畦，方法如前。在春、秋季挖取根状茎，切成 10～15 厘米的段，按行距 30 厘米，开 5～8 厘米深的沟，将根茎顺沟平放，株距 16 厘米，然后覆土 5～8 厘米，轻轻镇压，浇足定根水。经 50 余天，即可第一次采收。

89. 怎样进行苦荬菜的田间管理？

在生长期间要注意浇水、追肥和中耕除草。生长前期适当控水，防止幼苗徒长，一般需浇水 2～3 次，通常春多秋少。并根据土壤板结状况，结合浇水进行中耕松土。当苗高 5～6 厘米时，进行中耕除草，以防杂草抑制幼苗生长。到生长盛期，结合浇水施速效性氮肥，以促进叶片生长，使其增大增厚，提高产量和质量。另外，每次采收后，可适时适量增施少量的氮肥。

90.如何提高苦荬菜柔嫩品质、减轻苦味？

为了减轻苦味，并使其品质柔嫩，可实行软化栽培。软化栽培可分为两大类型。

第一种是就地软化栽培，即在原栽培场地加盖保温、保湿、遮光材料，以创造软化栽培的环境条件。包括培土、麦草或稻草覆盖，或草苫、黑色塑料薄膜覆盖等形式。温度应维持在10～15℃、空气相对湿度80%左右。

第二种是移植软化栽培，利用地沟、土温室、窑洞、地窖等形式。将苦荬菜连根挖出，去掉黄、烂叶片，整顺植株，打成直径10厘米小把，直立沟或窖内，排紧壅实。若气温较低，应及时壅土，使茎叶直立，顶部露出10厘米以上，再盖上草苫(目的避光，窖内不用盖)；若气温尚高，可先不壅土或少壅土，等温度下降到0℃时再壅土，以免壅土后沟温太高造成塌窖烂菜。地沟软化温度应保持0～4℃，相对湿度90%；其余结构一般温度保持在15℃左右、相对湿度在80%。软化后的苦荬菜，应及时销售。

91.怎样利用设施反季节栽培苦荬菜？

(1)整地施肥　10月上中旬在日光温室内每亩施腐熟的有机肥2 000～3 000千克，过磷酸钙50千克。深翻、耙平，做成平畦。土壤湿度以手捏不散开，且不黏结为宜。

(2)播种　华北地区播种适期为10月底至11月初。苦荬菜由于种子小而轻，子叶小而薄，顶土力弱，要求土壤整平耙细，保好墒，这是保证苗壮，提高产量的基本措施。

播种前2～3天浇透底水，畦面加盖塑料薄膜升温，将种子播种前1周晒干，播种时，将种子均匀撒于地面，随后覆盖0.5～0.8厘米厚细土。在畦上加盖塑料薄膜并在膜上加盖草苫，以防日晒高温影响发芽。种子出苗前，不浇水，温室内温度要保持在12～25℃，并适时加盖纸被和草苫防寒，从播种至出苗需15～

20天。一般每平方米播种量为2～3克。

(3)苗期管理　播种7～10天后小苗真叶露出，当2～3片真叶时，进行间苗，株距5～6厘米，不宜过密。温室内温度要降至10～25℃，并适当降低土壤湿度，防苗徒长，同时，要注意及时拔除田间杂草。当幼苗长到3～4片真叶时可进行移苗补栽，行距20厘米，株距6～10厘米。

(4)松土除草　苦荬菜主要靠地下根茎供应营养，必须进行松土，用刨锄在苗间刨耕，垄间用镐刨耕，每8～10天进行1次。苗期不耐杂草，出苗后要及时中耕除草1次。

(5)浇水施肥　适时浇水，要经常保持土壤湿润，特别是表层土壤不能干燥，使土壤含水率35%～40%为宜。苦荬菜以食叶为主，需氮较多。为了获得高产，需在2～3叶期进行1次叶面追肥，喷施0.5%的尿素溶液。在整个生长期应适时追肥2～3次，多施速效氮肥，每亩施硫酸铵或硝酸铵10～15千克，随每次浇水冲施。

(6)温度管理　苦荬菜喜欢冷凉的气候条件，棚内温度过高不利于生长，所以，当棚温达到25℃时要及时通风降温；温度低时，覆盖加温，保证气温在20℃左右。早春应及时通风，温度控制在10～28℃，确保商品菜的产量和品质。

92.苦荬菜常见的病虫害有哪些？怎样防治？

(1)病害　主要是霜霉病。发现病症后应喷布75%百菌清可湿性粉剂800～1 000倍液，或50%甲基硫菌灵可湿性粉剂800～1 000倍，或72%霜脲·锰锌(克露)可湿性粉剂800倍等。注意喷好基部叶片及叶背，共2～3次，隔7～15天1次。

(2)虫害　主要是蚜虫、地蛆。

蚜虫在整个生长期内均可发生，多在生长点的幼嫩部分聚集，造成生长停滞，叶片蜷缩，严重减产。要早期发现，防治方法可参考荠菜害虫防治部分。

如果发现整株受地蛆危害死亡，应立即拔出死株烧毁；如在死株断根处发现有蛆虫，可用 90％的晶体敌百虫 1 000 倍灌根，连续灌根防治 2 次，效果更佳。

93. 怎样采收苦荬菜？

在抽薹开花前，可多次采收嫩茎叶，一般植株有 6～7 片真叶时，即可用利刀沿植株基部割下，保证商品苦荬菜的幼嫩质量。采后马上浇水，并追速效性氮肥。每茬生长时间不宜过长，一般 20～25 天，以免影响产量和质量。苦荬菜采收后要及时整理，去除杂草和老叶，装箱不要挤压过紧，及时上市供销。或者将新鲜苦荬菜加工成脱水干菜或软包装保鲜产品，以供超市出口销售，较老的茎叶晒干后可制成中药材出售。

94. 怎样采集苦荬菜的种子？

种子陆续成熟，随熟随收，也可在种子大部分成熟时收割打成小捆，放在避风向阳处，晾晒 3～4 天，轻轻敲打脱粒，每亩种子产量 20～30 千克。

95. 怎样食用苦荬菜？食用注意事项有哪些？

(1)苦荬菜的食用方法　可凉拌、炒食、制茶等。

①凉拌　调料：蒜，盐，味精，醋，香油。

做法：将苦荬菜去杂洗净，入沸水锅中焯 2 分钟；迅速捞出用凉水浸泡冷却，然后控水；切段，放入盆中待用；将蒜泥、盐、味精、香油和醋在小碗中搅匀，浇在苦荬菜上拌匀即可。

②炒肉片　用料：苦荬菜 250 克，猪肉 150 克以及料酒、味精、葱花、姜末等调料。

做法：将苦荬菜洗净，入沸水焯一下，捞出漂洗去苦切段，猪肉洗净切片。料酒、精盐、味精、酱油、葱姜同放碗内搅匀成芡汁。油锅烧热，下猪肉煸炒，倒入芡汁烧至入味，出锅即成。

③制茶　采摘苦荬菜上的嫩叶；按苦荬菜叶的大小进行分级

筛选；将筛选所得苦荬菜叶切段；用水对苦荬菜叶进行清洗，除去其表面的杂质；然后进行摊放晾晒；此后进行杀青，杀青时，先在190～230℃的温度下高温杀青3～5分钟，再进行揉捻，在190～230℃的温度下再次高温杀青3～5分钟；杀青后，在40～50℃的温度下进行炒干，制成苦荬菜茶。

④制粥　原料：粳米100克，苦荬菜(尖叶)100克，猪肉(瘦)50克；调料：盐5克，味精2克，猪油(炼制)25克。

做法：将苦荬菜洗净，去掉老根；粳米下锅加清水，上火烧开；加入精盐、猪肉末熬煮成粥；再加入猪油、味精、苦荬菜稍煮即成。

(2)采摘要合理　最好到远离垃圾堆、污水沟、大路旁的开阔郊外采摘，避免废水、废气导致的重金属的污染；食用前一定要充分浸泡，放在清水里浸泡2小时以上；食用不可过量；不可久置，采摘后最好尽快食用，否则可能产生毒素，且会造成营养元素流失。

十、桔　梗

96. 桔梗有哪些别名？产地、分布在哪里？

桔梗别名包袱花、四叶菜、铃铛花、白药、和尚头、和尚帽、大药、六角荷、梗草、土人参，朝鲜族称“道拉基”。为桔梗科桔梗属深根性、多年生草本植物。

桔梗原产于我国，全国各地均有分布。主产山东、江苏、安徽、浙江、四川等省。性喜温暖、向阳、凉爽湿润的环境，野生多见于向阳山坡及草丛中。

97. 怎样识别桔梗？

(1)茎　全株光滑，高 40～120 厘米，茎直立，通常不分枝或上部稍分枝(图 24)。体内具白色乳汁。

(2)叶　叶近无柄，茎中部及下部对生或 3～4 叶轮生；叶片卵状披针形，边缘有不整齐的锐锯齿；上端叶小而窄，互生(图 24)。

(3)花　花单朵或二三朵着生于茎间或分枝顶端，含苞时如僧帽，开后似铃状。花萼钟状，裂片 5；花冠阔钟状，蓝紫色、白色或黄色，还有白色周围镶有紫色、蓝色花边的。多为单瓣，亦有重瓣和半重瓣的；裂片 5；雄蕊 5，与花冠裂片互生；子房下位，卵圆形，柱头 5 裂，密被白色柔毛(图 24)。

(4)果实　蒴果倒卵形，熟时顶端开裂(图 24)。

(5)种子　卵形，黑色或棕黑色，具光泽。桔梗种子细小，千粒重 1.5 克，花期 7～9 月份，果期 8～10 月份。

(6)根　根肥大肉质，长圆锥形或圆柱形，不分枝或少分枝(图

24)。当年主根可长达15厘米以上。《本草纲目》中释其名曰:“此草之根结实而梗直,故名桔梗。”外皮黄褐色或灰褐色。

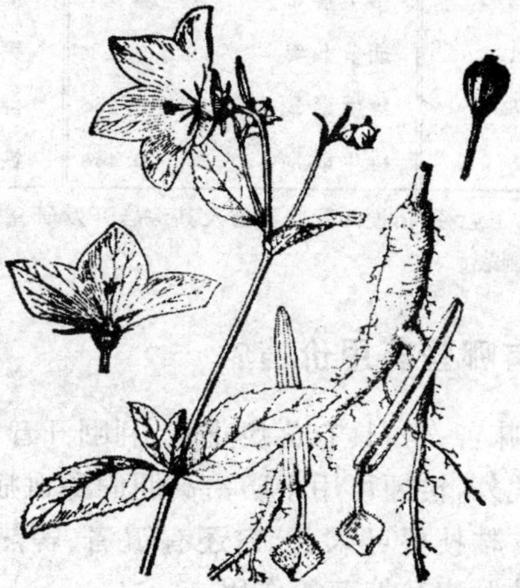

图24 桔梗

98.桔梗有哪些营养价值?

作为食品,桔梗的肉质根很早就是餐桌上的佳肴。在我国东北地区及日本、韩国、朝鲜等东亚国家,桔梗都是常用蔬菜。著名的“朝鲜小菜”中的主打品种就是桔梗。近几年,桔梗幼嫩的茎、叶也加入了特菜行列。桔梗营养丰富,保健效果显著,桔梗体内含有多量的蛋白质、脂肪、可溶性糖、纤维素、人体必需氨基酸和有益矿质元素(表8)。有研究表明,桔梗中主要含有五环三萜的多糖甙、多聚糖、脂肪油、脂肪酸等营养保健物质。桔梗的提取物还可抑制黏多糖的降解,消除氧自由基,具有抗氧化作用,可减缓人体衰老。如此的营养保健作用使得桔梗成为了目前最受欢迎的蔬菜种类。

表 8　每 100 克鲜桔梗中所含营养成分

营养成分	含量(克)	营养成分	含量(毫克)	营养成分	含量(毫克)
蛋白质	3.5	维生素 C	10	尼克酸	—
脂肪	1.2	胡萝卜素	2.2	钙	260
碳水化合物	18.2	维生素 B_1	0.45	磷	40
膳食纤维	3.2	维生素 B_2	0.44	铁	13

注:根据王文亮,王志芬.桔梗的营养价值及其综合开发研究[J].农产品加工·学刊 2008 第 9 期资料制表。

99.桔梗有哪些药用价值?

桔梗性平,味苦、辛,具有化痰止咳、利咽开音、宣畅肺气、排脓消痈的功效。此外,桔梗可用于防治高胆固醇血症和高脂血症,具有抗肥胖效果。桔梗根可入药,它还有镇痛、解热、镇静、降血糖、消炎、抗溃疡、抗肿瘤和抑菌的作用。

100.桔梗生长需要怎样的环境条件?

桔梗对气候环境要求不严,但以温和湿润、阳光充足、雨量充沛的环境为宜,能耐寒。

(1)温度　适宜生长的温度范围是 10～20℃,最适温度为 20℃,能忍受－20℃低温。种子在 10℃以上时开始发芽,发芽最适温度为 20～25℃。至秋冬气温 10℃以下时倒苗,一年生苗可在－17℃的低温下安全越冬。

(2)光照　喜光,宜选择向阳温暖地。苗期怕强光直晒,需遮阴;成株喜阳光。

(3)水分　喜湿润空气,忌干风;怕积水,抗干旱。

(4)土壤　植株在土壤深厚、疏松肥沃、排水良好的腐殖质土或含沙质壤土中生长良好。黏重土或积水地生长不良,土壤积水易引起根部腐烂。对土壤肥力的要求不苛刻,一般肥力中等地即可生长,但肥沃地的植株长得高。

总之，桔梗喜温暖湿润、阳光充足的环境，一般土壤均能种植，以沙壤土最好。栽培时宜选择海拔 1 100 米以下的丘陵地带，以栽培在富含磷、钾的中性类沙土里生长较好。

101. 怎样利用种子直播栽培桔梗?

(1)选地整地　桔梗为深根性植物，应选阳光充足、土层深厚，疏松肥沃，排水良好的腐殖质土或沙质土壤为好。每亩施腐熟有机肥 2 500～3 000 千克，加过磷酸钙 20 千克或磷酸二铵 15 千克，匀撒于地内，深翻 30 厘米以上，整平耙细。做 1 米宽平畦，长短以地形而定。

(2)播种　适时播种，直播产量较高，且根直分叉少，便于刮皮加工，质量好，生产上多用。

①种子的选择与处理　选用二年生树上产的当年新种子发芽率最高。处理方法：播前用 50℃温水浸种 24 小时，用适量湿沙拌匀，堆放几天后再种可明显提高发芽率。或将种子置于 30℃温水中浸泡，浸泡 8 小时捞出，用湿布包上，放在 25～30℃的地方，上用湿麻片盖好，进行催芽，每天用温水冲滤 1 次，约 5 天时间，种子萌动即可播种。

②播种时间　种植桔梗因地区不同，可根据当地情况，选择不同播期。除土壤冻结期外，从 10 月份到翌年 5 月上旬均可。秋季在 10 月下旬至上冻前；春季在 4 月下旬至 5 月上旬，当土壤表层化冻 15～20 厘米时可播种。在春、秋播或冬播均可的地方，以秋播为好，秋播当年出苗，生长期长，结果率和根粗明显高于次年春播者。

③播种方式　采用宽幅条播法，在整好的畦面上按行距 18～21 厘米开沟，开沟的宽度为 10 厘米，深 1～2 厘米。为使种子播得均匀，可用 2～3 倍的细土或细沙拌匀播种，播后盖土 1 厘米，稍加镇压。土壤墒情不足时，播后要浇水并盖草保湿。在温度 18～25℃、湿度适宜情况下，播后 15 天左右即可出苗。直播每亩用种

量 0.75～1 千克。

(3)田间管理

①定苗、补苗　桔梗出苗后，在土壤干湿适宜时进行浅松土，经常保持土壤疏松，田间无杂草。在苗高 2～3 厘米时必须间苗，待苗高 5～6 厘米时按株距 8～10 厘米定苗。在出苗较稀的地方于阴雨天补苗，最好带土移栽。

②肥水管理　6～9 月份是桔梗生长旺季，6 月下旬和 7 月根据植株生长情况应适时追肥，肥料以腐熟的有机粪肥为主，配施少量磷肥和尿素。干旱时应浇水。雨季田内积水，桔梗很易烂根，应注意排水。

③打芽(除芽)　为了促进桔梗的主根生长，必须进行打芽。每株只留主芽 1～2 个，其余枝芽在每年春季全部摘除，否则叉根多，质量差，产量低。

④打顶、疏花　苗高 10 厘米时，二年生留种植株进行打顶，以增加果实的种子数和种子饱满度，提高种子产量。而一年生或二年生的非留种用植株在有花茎抽出或在现蕾后，选择晴天剪除花枝。以减少养分消耗，促进地下根的生长。

(4)采收　种植桔梗因地区和播种期不同，收获年限也不同，一般当年采收，或第二年采收，东北可略早，采收期可在秋季 9 月底到 10 月中旬或次年春桔梗萌芽前进行。

102. 怎样育苗移栽栽培桔梗?

(1)育苗　选择避风向阳的地方，施足基肥，耕耙整平，做 1.3 米宽的畦，畦间留有 40 厘米宽的作业道，兼做排水沟。畦内土壤要松软细碎，按 10～20 厘米行距开 2 厘米浅沟进行条播，将种子拌好细土均匀播入沟内，覆土 1～2 厘米厚，稍作镇压，播后要经常保持土壤湿润。当苗高 5 厘米时，进行间苗，苗距为 5 厘米左右为宜。每种植 1 亩用种量 0.4～0.5 千克。

(2)移栽　于当年秋冬季至翌年春季萌芽前进行，最好在育苗的第二年4月初发芽前进行移栽为好。移栽过早，由于桔梗苗小影响苗的质量，过晚苗大影响移栽。选择一年生直条桔梗苗，大、小分级，分别栽植。栽植时，在整好的栽植地上，按行距20厘米开深25厘米的沟，然后将桔梗苗按株距6～8厘米、呈75度角斜插沟内，在顶芽以上覆土1.5厘米，栽后随即浇水，以保证成活率。

田间管理技术同种子直播栽培。

103. 桔梗常见病虫害有哪些？怎样防治？

桔梗主要的病害有根腐病、轮纹叶斑病等。常见的虫害有拟地甲、蚜虫。

(1)根腐病　发病期在6～8月份，初期根部局部呈黄褐色而腐烂，地上部分明显病变，以后根部大部分腐烂，地上部亦枯萎而至全株枯死。

防治方法：注意轮作，及时排除积水，发病初期注意拔除病株，可用65%根腐·克·恶霉灵水剂200倍液灌根，或用50%多菌灵可湿性粉剂1 000倍浇灌病区。

(2)白粉病　主要危害叶片。发病时，病叶上布满灰粉末，严重时全株枯萎。

防治方法：参考马齿苋病害防治部分。

(3)炭疽病　主要危害茎秆基部，后期病部收缩，植株倒伏。

防治方法：参考苋菜病害防治部分。

(4)轮纹叶斑病　发病期在6～7月份，开始在叶片上出现褐色轮纹状病斑，并不断扩大，连接成片，使叶片由下而上枯萎，以致地上部分枯死。

防治方法：注意轮作，合理密植，并加强肥水管理，排出积水；发病初期及时剪除病枝，还可用波尔多液1∶1∶100倍液或代森锌65%可湿性粉剂600倍喷施。

7月下旬开始选喷50%甲霜灵·可湿性粉剂600倍，或50%多菌灵可湿性粉剂500倍，或50%代森锰锌可湿性粉剂600～

800倍等药剂，10天喷1次，连续2～3次。

（5）拟地甲　拟地甲成虫在春天喜食桔梗苗期幼嫩的茎叶，成株期群集在根茎处啃食寄主的皮层。幼虫危害刚播下的种子或未出土的嫩芽及刚出土的幼苗，造成桔梗幼苗枯萎，以致死亡，造成缺苗断垄。分布于东北、华北、西北地区。

防治方法：3～4月份为成虫交尾期，5月份为幼虫期。可在5～6月份幼虫期用90%晶体敌百虫800倍液或50%辛硫磷乳油1 000倍液喷杀。

（6）蚜虫　6～7月份危害严重。防治参考荠菜害虫防治部分。

此外尚有蝼蛄、地老虎和蛴螬等危害，可用敌百虫毒饵诱杀，参考蒲公英害虫防治部分。桔梗生长期发现其他害虫按常规方法防治即可，但收获前20天禁止使用农药。

104.怎样采集桔梗种子？

一年生桔梗结的种子俗称“娃娃种”，瘦小而瘪，颜色较浅，种子发芽率为50%～60%，出苗率低，且幼苗细弱，产量低，而二年生桔梗结的种子大而饱满，颜色深，种子发芽率可达85%左右。播种后出苗率高，且出芽快而齐，植株生长快，产量高，一般单产可比“娃娃种”高30%以上。留种时，应选择二年生的植株采集。

桔梗花期较长，果实成熟期很不一致，于9月上中旬剪去弱小的侧枝和顶端较嫩的花序，使营养集中在上中部果实。成熟的果实易裂，造成种子散落，故应及时采收。10月份当蒴果由绿变黄，果顶初裂时，分期分批采收。采收时应连果梗、枝梗一起割下，先置室内通风处后熟3～4天，然后再晒干，脱粒，去除瘪子和杂质，种子含水率低于10%时贮藏备用。种子寿命为一年。

105.如何采集桔梗的嫩茎芽和根条？

（1）春夏采收嫩茎叶。

（2）一般栽培2～3年，在秋末或春天萌芽前采挖。秋季采挖较好，先割去枯残茎秆，挖出全根，摘掉须根及较小的侧根，洗净泥土，用竹刀或碗片趁鲜刮去外皮，放清水中浸 2～3 小时，捞起，晒干；或去芦切片，晒干。也可不刮皮，直接卖鲜品，或晒干成原皮桔梗。

106. 如何食用桔梗？食用注意事项有哪些？

桔梗的嫩茎叶和根均可供蔬食。嫩根在我国东北地区作为主要食品，更是朝鲜族的特色食物。嫩茎叶和根用水焯后，清水浸泡，除去苦味；根撕成细丝，可拌、炒、烧、腌渍、做粥等。

我国的许多地区也用桔梗根制作腌菜，颇具风味，并深得人们的喜爱。此外，桔梗可酿酒、制粉做糕点，种子可榨油食用。

阴虚久咳者禁服；脾胃虚弱者慎服。桔梗畏白及、龙眼、龙胆；忌与猪肉同食。

十一、刺 嫩 芽

107. 刺嫩芽有哪些别名？产地、分布在哪里？

刺嫩芽指龙牙楤木春季萌发的嫩芽。别名有刺龙芽、刺老芽、乌龙头、树头菜、辽东楤木、刺老鸦、霸王菜、树龙芽、虎阳刺、鹊不踏。早春嫩芽可食。为五加科楤木属多年生落叶灌木或小乔木。

刺嫩芽原产于我国，在我国主要分布于辽宁、吉林、黑龙江及河北省东部、山东青岛崂山，长白山、小兴安岭较多。日本、朝鲜和俄罗斯的西伯利亚等地区亦有刺嫩芽分布。

刺嫩芽喜生长在沟谷、阳坡、土壤肥沃、潮湿或半阴的杂木林、阔叶林、混交林、次生林中或生长在林缘、灌木林、沟边等地。

108. 怎样识别刺嫩芽？

(1)枝、芽　落叶小乔木，高 2～8 米，树皮灰色，树干和树枝上长有皮刺。老时渐脱落，仅留刺茎(图 25)。4 月末至 5 月初在茎干的尖端抽芽发育即刺嫩芽(图 26)。

(2)叶　互生，为 2 回或 3 回奇数羽状复叶，有叶柄。叶片卵形或椭圆状卵形，基部圆形，先端渐尖，边缘疏生锯齿。叶正面绿色，背面绿灰色(图 25)。

(3)花　伞形花序(图 27)，顶生，聚生为伞房状花序。主轴短，花轴为 2 回复总状分支。花杂性，花萼杯状(图 27)，先端 5 齿，花瓣 5，淡黄白色，雄蕊 5 枚，子房下位，5 室，花柱 5。花期 7～8 月份。

图 25　龙牙楤木

图 26　刺嫩芽

(4)果实　球形,呈五棱状(图 27),直径 4 毫米,果形较小,果实成熟时黑色。果熟期 9～10 月份。

(5)种子　肾形,千粒重 1.4～1.6 克。

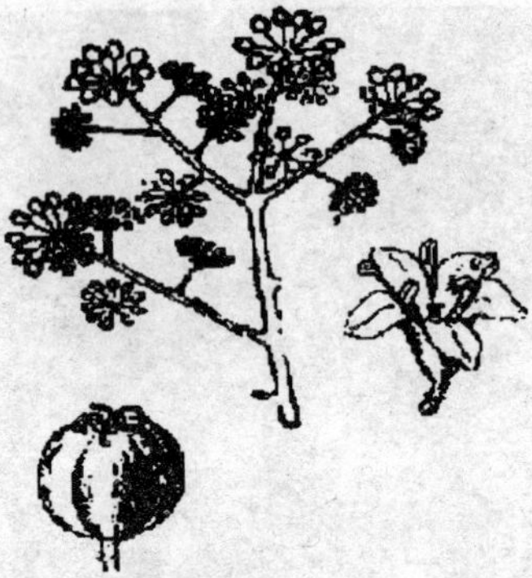

图 27　龙芽楤木的花序、花和种子

109. 刺嫩芽有哪些营养价值？

刺嫩芽营养丰富，不仅含有人体所必需的蛋白质、脂肪、矿物质，维生素等，还含有丰富的植物纤维，并且富含多种生物活性物质(表 9)。含有 15 种氨基酸，总氨基酸含量 26.126 毫克，其中 9 种为人体必需氨基酸。含有的矿物质比种植的蔬菜高，特别是有机锗的含量比人参高 3.6 倍。有机锗具有增强免疫力，防治老年性疾病的作用，能提高脑内血氧供应，增强脑功能，延缓衰老。

刺嫩芽植株中富含多种生物活性物质，其总皂甙含量为 20.4%，是人参的 2.5 倍，对人体有兴奋和强壮作用，对急慢性炎症、各种神经衰弱都有较好的疗效。刺嫩芽味道鲜美，风味独特，被誉为“天下第一山珍”，成为东北出口山野菜的主要品种之一。

表 9　每 100 克刺嫩芽中营养成分含量

营养成分	含量(克)	营养成分	含量(毫克)	营养成分	含量(毫克)
水	73.1	维生素 C	0.429	钙	83.8
蛋白质	14.88	胡萝卜素	0.015 5	磷	—
脂肪	1.6	维生素 B_1	2.51	铁	1.83
碳水化合物	—	维生素 B_2	0.157		
粗纤维	10.36	尼克酸	1.38		

注：根据张学义、李发等. 刺嫩芽加工前后营养成分分析[J]. 中国林副特产，2002(3)资料制表。此数据为加工前对刺嫩芽材料分析数据。

110. 刺嫩芽有哪些药用价值?

刺嫩芽的药用价值很高,有强壮、抗炎、抗癌、抗病毒、保肝、降血脂、降血糖等药理作用,对变态反应及心血管系统有影响,并可提高机体耐缺氧的能力等。刺嫩芽的根皮具有补气、活血、利湿、止痛、补肾等作用,在民间用作治疗神经衰弱、风湿病、糖尿病、肝炎及胃痉挛。日本民间用以治疗糖尿病、肠胃病,尤其对胃癌有卓效。刺嫩芽根皮有强心作用,效果优于人参,对于老年性痴呆症、蜘网炎及阳痿等多种神经衰弱综合征都有类似人参的疗效。20世纪60年代就开始在临床上使用刺嫩芽制剂治疗脑力、体力疲劳过度。刺嫩芽的主要成分为木皂甙。木皂甙与人参皂甙相似,是齐墩果酸的三四糖皂。齐墩果酸有抗炎、镇静、利尿、强心、免疫和防癌等作用,尤其用于治疗黄疸肝炎与迁延型慢性肝炎效果更好。

111. 刺嫩芽有哪些品种类型及如何选择?

野生刺嫩芽由于多年的天然变异,其形态也不尽相同。有多刺、少刺、硬刺(俗称“铁杆龙牙”或“火刺嫩芽”)、软刺(俗称“绵刺嫩芽”)、顶芽饱满、顶芽瘦小、萌芽力强的、萌芽力弱的等类型。

发展木本蔬菜为目的,可选择少刺或软刺、萌芽力强的类型。

一般无刺的刺嫩芽苞都比较大,这样的品种幼芽产量高,商品性状好,所以应首先选择无刺的品种进行繁育。其次就是根据栽培方式选择品种。如果以露地生产收获幼芽为目的,应选择顶芽饱满的品种。如果准备在冬季利用日光温室从事反季生产,应选择侧芽肥大的品种。其中绵刺嫩芽类型中成枝力强的品种单株产量最高。

112. 刺嫩芽种子有什么特点?如何采集刺嫩芽种子?

刺嫩芽种子有后熟的特点,采收后要人为创造适宜的温、湿度条件，使种胚继续发育，再经变温处理，才可达到80%以上的出苗率。

刺嫩芽果实在9月中下旬成熟后，要抓紧采收。因等到果落时，在地面搜寻十分困难。刺嫩芽球果为五棱形，直径4毫米。果形较小，这是识别真伪的关键。

在9月下旬至10月中旬，采集刺嫩芽的黑熟浆果堆放，使其软烂，放入水中搓洗，漂去果皮、果肉、秕粒及杂物，捞出种子即可。

113.刺嫩芽种子怎样进行播前处理？

春播的刺嫩芽种子需经越冬层积处理。大地即将封冻时开始层积处理。层积前先用水浸泡种子12～24小时，待种子充分吸水后，取出晾干，再与洁净河沙混匀，沙的用量是种子体积的3倍，沙的湿度以手捏成团不滴水即可。种子量大时用沟藏法，选择背阴高燥不积水处，挖深50～100厘米，宽50～100厘米，长度视种子多少而定，沟底先铺10厘米厚的湿沙，然后将已拌好的种子放入沟内，到距地面10厘米处，用河沙覆盖，沟中间由底向上树立一秫秸草把。一般要高出地面呈屋脊状，上面再用草或草帘盖好(图28)。

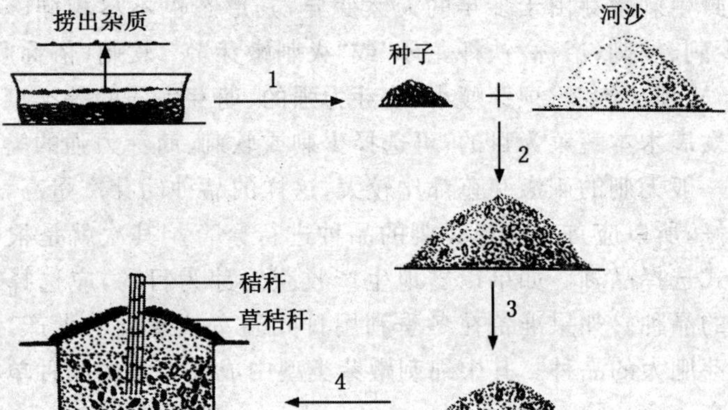

1.水浸;2.混合;3.拌匀;4.入坑

图28　种子层积处理

待春天气候稳定转暖时取出种、沙，在阳光下翻晒，见 30％种子裂口时即可播种。

秋播种子按上述种子前期处理方法，在当年大地封冻前播种。

114. 如何用种子繁殖苗木?

(1)整地　刺嫩芽育苗以床播为好。选择背风向阳、耕层深厚、肥沃疏松、排灌条件良好的中性或微酸性沙壤土育苗。3 月下旬至 4 月上旬，当地表解冻 5 厘米深的时候(各地因积温不同，均以此为标准)做床。结合深翻，每亩施入充分腐熟的优质农家肥 5 000 千克，磷酸二铵 20～30 千克，深翻细耙，做长 10 米、宽 1 米、高 10 厘米的苗床，搂平畦面，踩实畦埂。然后覆盖薄膜，提高地温。当 10 厘米地温达 12℃以上时(4 月中旬)播种。

(2)播种　播种前将地膜揭开、浇透水，水渗下后及时播种(如墒情好不浇水)。垄播、条播、撒播均可。

刺嫩芽的种子非常小，为了提高播种质量，使之达到均匀一致，播种时应掺进细沙，每亩用 10～15 千克细沙掺入种内。刺嫩芽的种子出芽率较低，一般在 20％～60％，每亩播种量 0.5～1 千克(干籽)，播完种后要随即覆土 0.5～1 厘米，稍镇压。上面再扣地膜。苗出齐后，要逐渐通风炼苗，防止日灼，至长真叶时把地膜揭掉。

(3)间苗　苗出齐后，要以 5 厘米×10 厘米或 5 厘米×8 厘米株行距间苗，1 米^2 保苗 100～110 株为宜。

(4)除草　幼苗期要及时除草，防止草荒，提高地温，促进幼苗生长。

(5)施肥　6 月末每亩追施尿素 15 千克，在行间开沟施入。苗床干旱时及时浇水。

115. 刺嫩芽如何用根段育苗？

刺嫩芽根段育苗比种子育苗成功的几率大，长势旺，生长快，当年成大苗，是育苗的首选方法。因为是无性繁殖，能达到纯化品种的目的，而且利用根段扦插，当年的茎秆就能达到高 1.0～1.5 米，茎粗 2 厘米以上。春季扦插，冬季即可为温室利用。

（1）地块选择　应选择有机质含量高、土层深厚、保水保肥、通透性良好、地势平坦，水源充足，pH 7 左右的沙壤或壤土地。土壤黏重，通透性差，排水不良的低洼地块不宜用作育苗地。

（2）整地　育苗地要进行细致整地，冬季进行深翻。翌年春土壤化冻后，在选好的地块中每亩撒施腐熟的农家肥 3 000～5 000 千克、复合肥 40～50 千克，然后浅耕细耙，捡去石块、草根，起垄或做床。

（3）根段采集　根条采集可于初冬或早春时节进行，采集时，尽可能挑选茎表皮光滑、侧芽肥大、刺少或近无刺的成株，选择 1～2 年生无伤、无变黑的健壮新根，直径为 5 毫米以上。初冬采集的根条需剪成 15～20 厘米长根段（图 29），50 根扎一捆，窖贮至翌年春季栽植。春季采集可结合春季苗木出圃进行，选择 1～2 年生无病害的壮苗，起苗断根后，从断根中挑选粗度为 0.5～1.5 厘米主侧根。土壤解冻后（4 月中旬）采集的根条可随采随栽。

根段处理　栽植前，根段用 58%甲霜灵・锰锌（雷多米尔・锰锌）可湿性粉剂 200 倍加赤霉素 50 毫克/千克药液处理，浸泡 30 分钟，捞出后趁湿栽植。

（4）根段扦插育苗　在春季化冻后，挖取刺嫩芽的根，粗度 5 毫米以上，剪成 15～20 厘米长的根段。育苗床宽 1.0～1.2 米，长度随地形而定。行距 20 厘米，株距 20 厘米，扦插时开深 10～12 厘米的沟，根段的粗端向上呈 30 度斜摆沟中，根段上端露出床面 1～2 厘米，覆土 5～8 厘米，把根段埋严（图 29），踩实后浇透水。床面盖稻草或地膜等覆盖物。出苗前，保持床面土壤湿润，以见干见湿为标准。当芽长出 2～3 厘米时撤去覆盖物。苗高 50～100 厘米时即可定植。

根插有极性,靠根尖部位形成根,靠茎干位置长枝叶,故根插不能倒插。

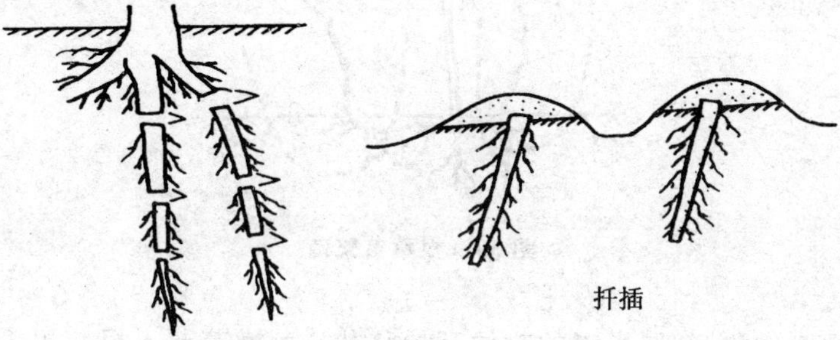

剪根段　　扦插

图 29　根插

116.如何利用刺嫩芽根蘖苗进行栽培?

龙牙楤木自然生长条件下在树干周围会萌生一些根蘖苗(图 30),可利用其进行繁殖。春季土壤解冻后,萌芽前,挖取较粗壮的根蘖苗。挖取根蘖苗时,应保持根系完整,在整好的地块挖深宽 40 厘米×50 厘米的坑,或直接栽在起好垄的沟内,行株距(50～60)厘米×(40～50)厘米。栽后及时浇水,封垄。在秋季落叶后也可挖取根蘖苗移栽。秋栽应在土壤封冻前栽完,地上部和地下部保持完好,封冻时浇 1 次水,第二年春也可收到较好的经济效益。

采完芽后平茬,可促使萌发大量根蘖苗。据试验,平茬后萌发的根蘖苗达 2～6 个,而且长势旺,粗壮。

117.栽培刺嫩芽如何进行田间管理?

(1)定植时间　生长一年的种苗,可在翌年春季土壤解冻后,

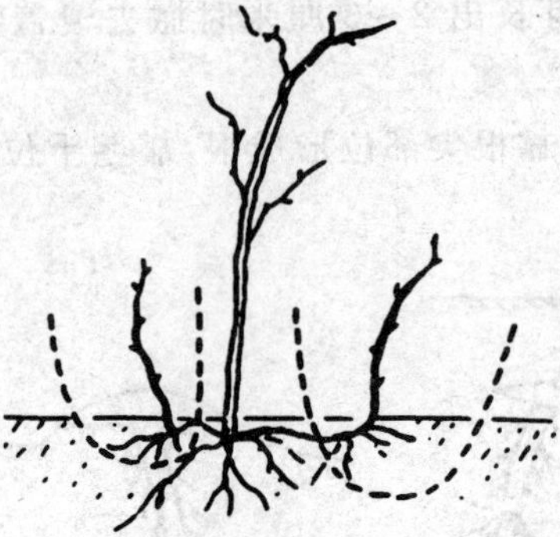

图 30 根蘖苗繁殖

当地表融化 20 厘米深的时候开始移栽。刺嫩芽苗木根茎粗 1 厘米，苗高 30 厘米即可上山栽植。未达此标准的，可在苗圃再育 1 年。

(2)栽植选地 刺嫩芽根部肉质，喜富含腐殖质的松软土层，以棕色森林土最宜。刺嫩芽又属半阳性树种，坡向以西朝阳最佳，群众称半阳半背。一般可移栽到阳坡地或不存水的平缓地。刺嫩芽在栽植前，要先行整地。山地要人工整修鱼鳞坑，以直径 100 厘米的坑盘为宜，将上沿土向下扒填，形成“外噘嘴里流水”的小地形，以促进栽后保墒。平缓地要在整好的土地上按行、株距挖定植坑，坑的大小深浅根据苗的大小而定。

(3)栽植方法 栽植株行距为 150 厘米×150 厘米。栽前在鱼鳞坑内刨一小坑，以苗木地表根际深度为准。栽前把小苗的根放进 50%多菌灵可湿性粉剂 500 倍液中浸蘸消毒，采用“三埋两踩一提苗”的方法进行栽植，栽植时苗干要中正，根系要舒展，一般土埋到根茎交界处即可。如果有春旱迹象，应及时灌水。

(4)栽后管理 刺嫩芽栽植成活后，要保持坑盘内无杂草，每年 6 月份、8 月份要进行坑内松土，一般不施肥。特别不能施化肥，如硝酸铵、硫酸铵、碳酸氢铵等最易烧伤根系，因为刺嫩芽根肉质，经受不起化肥的刺激，应禁用。

在第一年上冻前，在树干周围埋土 30 厘米高，即防冻土，以防冻害。移栽后的第二年春天，当掰完刺嫩芽后，打一次矮壮素，抑制徒长，促粗促壮。

刺嫩芽长到 3 年时，萌发出若干枝条，使树体呈现丛状，这时要及时除萌蘖，保留 3～4 个粗壮枝条，形成主侧枝匹配得体的树形，有利日后提高产量。

栽植 4～5 年后，进入盛产期，在土壤上冻后到萌芽前进行更新促萌。方法是每年 4 月末前，在地上 60 厘米处进行截干和断根(用锹距树干四周 10 厘米处断根)，促进当年萌发 2～3 个枝干。最终每亩保留枝干数 2 500～3 000 个。

118. 怎样反季节茎干水培刺嫩芽？

刺嫩芽作为山野菜之王，最受人们的青睐，经济价值较高。但在自然生产条件下人们只能在春季采摘到刺嫩芽，过了这个收获季节，人们只能尝它的腌渍品，尤其是冬季，人们对新鲜的刺嫩芽需求日渐增加，于是，反季节生产应运而生。常用的方法是设施水培茎干法。

(1)采集茎干　秋季落叶以后，刺嫩芽进入休眠，刺嫩芽的休眠时间要在 5℃以下低温条件累计 400 小时才能完成，割早了将严重影响茎的质量，进而影响温室内芽的产量。一般在 11 月中旬初雪过后开始收割，收割时每根茎基部留 2 节即 2 个芽苞，以待第二年萌发新枝。茎收回后堆放，上面覆盖稻草、玉米秸等，并不断透水保持茎干不失水，如果开降大雪，最好是把茎埋在雪里，这样的茎在生产时，芽苞显得丰满而有活力。

(2)切段　将刺嫩芽茎干切成长 40～60 厘米的段，保证每段上部有一个饱满的顶芽或侧芽，切段时，从芽上 1～2 厘米处呈 45 度角向下切成斜面，利于水珠下滑减轻病害发生，茎段下端切成平面。

(3)建槽　在温室、大棚内，挖深30厘米、宽100厘米、长度视茎干多少而定的沟槽，槽底须整平，压实。从沟底到沟沿铺一整张塑料布，不要漏水。塑料上铺一层编织袋或泡沫板等，保护塑料不被枝条扎破漏水。沟槽四周固定距地面20厘米的木杆，使干材直立。

(4)栽植　栽植后40～50天即可采收，可根据商品上市时间确定栽植时间。栽植时，将茎段顶芽、侧芽分开，然后捆成直径15～20厘米的小捆，长度要等同，扎捆时应离顶端20厘米。这样避免顶端过分拥挤。芽向上摆在水床中，使茎段保持直立或稍有倾斜，摆满床后往床内灌10厘米深的清水，用25%多菌灵可湿性粉剂800～1 000倍液加50毫克/千克赤霉素喷雾处理茎段，进行杀菌和打破休眠，要进行全面喷雾，1米^{2}用配制好的药液300毫升。然后扣上小拱膜保温、保湿。

(5)管理　茎段进入水床，每天用喷雾器向顶芽喷1次水，保持顶芽湿润。防止干枯，直到顶芽萌发为止，以后每隔7～10天喷1次。

采取活水管理，每3天换1次水。最好事先在棚内晾晒一下以增加温度，再注入床内，这样有利于嫩芽生产。换水方法：将上次床内水放干净，再重新注入清水，第二次注入水深度要比前一次高1～2厘米，依此类推。

水培后的茎干经过10～12天，芽孢即开始萌动，当芽齐后10天左右，即可喷施叶面肥，用来作为养分的补充。可使用磷酸二氢钾、喷施宝等叶面肥，为了防治灰霉病和软腐病，最好是与百菌清或代森锌一起使用。

水床水温20℃以上，室温白天控制在18～20℃为最好，不要超过25℃；夜间10～15℃，拱棚内相对湿度达到85%以上为宜。在温室内凌晨最冷的时候，温度不能低于5℃，一般温室内温度保持在10℃以上时，刺嫩芽生长正常。后期为防病每天揭开棚膜晾2小时。刺嫩芽生长不需强光照，芽苞萌发后可在温室内棚膜下方挂遮阳网，避免强光照射。可用温室覆盖的草帘揭起或放落调节室温与光照强度。这样，可以控制芽苞及嫩枝的生长速度，与市场需求及最佳效益相期而遇。

(6)收获　当嫩芽长到10～12厘米时及时采收上市。头茬采收后，为了保证二茬芽丰收，可在采收后的部位喷施25%多菌灵可湿性粉剂800～1 000倍液进行杀菌。同时适当施入含氮的有机肥和植物生长激素，以促进二茬芽的生长。其他方面管理同头茬。

119.如何防治刺嫩芽病虫害？

刺嫩芽病虫害较少，主要有立枯病、疮痂病和白绢病，主要害虫是蚜虫。

(1)立枯病　表现为病株新梢缺乏生机，数日内急速萎蔫、立枯、根部表皮内组织水渍状，呈淡褐色至黑褐色，软化腐败。以发病株为中心，向四周辐射扩展。

防治方法：将病株及其相邻株挖出烧毁，病穴用福尔马林等药物消毒，不在病园内挖根作扦插材料，建园避开排水不良的地块和老参地，生长季节不进行可能伤根的作业，如机械除草、培土等。

(2)疮痂病和白绢病　栽植密度大，高温高湿季节易发生。对疮痂病，在休眠期喷施五氯酚钠500倍液进行预防；对白绢病栽前用苯菌灵或甲基硫菌灵500倍液处理种苗和根段预防。

在新芽生长期，若有蚜虫，可在发生蚜虫的枝干上涂杀虫药剂。

120.如何采收刺嫩芽？

刺嫩芽的顶端优势很强，顶部主芽最先萌发。抑制两侧副芽及下部的侧芽萌发。顶部主芽采后，顶部的副芽或下部的侧芽开始萌发。因此，在生育期较长的地区，还可采1～2次副芽或侧芽，但品质不如顶端主芽。生育期短的地区，最好只采顶端主芽。从春季到夏初均可采摘，但以春末季节嫩叶拳曲未伸展时为佳。

当芽长出6厘米以上时，选择长6～9厘米的嫩芽采集，并将绿色芽和紫色芽分别存放。然后去净芽苞，墩齐根部，扎成6厘米粗的小把(长不够6厘米的不扎把)。不要采雄芽(雄芽呈紫色，瘦长，带有硬刺，不能食用)。

121.如何食用刺嫩芽？食用注意事项有哪些？

刺嫩芽的食用部分为龙牙楤木的嫩芽，幼芽水分大而柔嫩，有独特的清香味。食用方法多样。采摘后洗净，沸水焯后过凉，可拌、炝、腌、炒、炸、炖、蘸酱、做粥、做汤食用，也可依口味直接蒸吃或油炸，鲜嫩清香。亦可腌制成咸菜或酱菜食用，还可腌渍加工罐头。是不可多得的美味佳肴。

食用方法：

①凉拌　将刺嫩芽去杂洗净，入沸水锅焯一下捞出，放入清水中洗净，挤干水切碎放盘内，加入酱油、味精、麻油拌匀即成。食用质地嫩爽、香鲜味美，具有治疗腹泻、痢疾等功效。

②炒食　将刺嫩芽去杂洗净。锅烧热，倒入猪肉翻炒至熟而入味，投入刺嫩芽煸炒入味，加入精盐、味精调味，出锅即成。食用猪肉韧香，刺嫩芽细嫩，入口酱香浓郁，咸鲜适口，具有滋阴润燥、补中益气、利尿消肿的功效，适用于身体瘦弱、乏力、阴虚干咳、营养不良、便秘等病症。

③炸　将刺嫩芽洗净，撒上适量精盐和少量味精稍揉。蛋清打成蛋浆，加适量淀粉调成糊状。锅中放油，烧至七成热，用刺嫩芽逐一沾上蛋糊，放入油中炸至金黄色，捞出装盘即可。食用外黄内绿，香浓味鲜。具有祛风利湿、散瘀止痛的功效。

④腌咸菜　将刺嫩叶芽洗挣，晾半干。加入20%食盐用手揉搓；也可直接将盐与菜分层放入坛内腌制。通常20天即可作凉菜食用。

十二、香　椿

122. 香椿有哪些别名？产地、分布在哪里？

香椿又称香椿芽、椿芽、香椿头、椿甜树、椿阳树等。为楝科香椿属多年生落叶乔木树种。

香椿是我国著名的野生蔬菜，食用和栽培历史已达 2 000 多年，原产于我国，华中、西南地区有野生种，安徽、山东、河南、河北等省栽培最多。传统上香椿多作林木栽培，以居家四周、院落或村边零散栽培较多，作蔬菜食用以自然采收为主。

香椿树枝头生长的嫩枝叶是可食部分，著名的香椿产品有安徽太和香椿、河南焦作香椿、山东西牟香椿等。

123. 怎样识别香椿？与臭椿的区别是什么？

(1)枝干　香椿为多年生落叶乔木，全株具特殊气味，植株直立，顶端优势强，树干高 15～18 米，最高达 30 米，树皮暗褐色，条片状剥落，幼枝粉绿色，小枝粗壮，叶痕大，扁圆形。

臭椿的树皮光滑，有直的浅裂纹。

(2)叶　香椿叶互生，偶数或稀有奇数羽状复叶(图 31)，10～20 对小叶，有香气，小叶披针或长圆形，长 10～12 厘米，宽 4 厘米，幼嫩叶绛红色，成长叶绿色，先端渐尖，基部不对称，叶缘有稀疏的锯齿，叶柄红色，有浅沟，基部肥大。

臭椿为奇数羽状复叶，叶缘没有锯齿，小叶基部有两个大锯齿，齿端下面有腺体，揉搓后发出臭味。

(3)花　香椿圆锥花序顶生，下垂(图 31)，长 30 厘米左右，两

图 31　香椿叶和花序

性花白色，花瓣 5 枚，椭圆形，基部黄色，有香味，花萼较短小，有退化的和正常的雄蕊各 5 枚，子房 5 室，子房花盘无毛（图 32）。花期 5～6 月份。

臭椿花轴分枝较香椿密，杂性花，花瓣白色带绿。

图 32　香椿花

（4）果实　香椿果实为木质蒴果，长椭圆形，长 1.5～2.5 厘米，成熟时 5 瓣开裂成钟形，呈红褐色（图 33）。果期 9～11 月份。

臭椿为翅果。

图 33　香椿果实

(5)种子　香椿种子扁平，一端有膜质长翅，千粒重 10～12 克，容易随风飞落。

臭椿种子位于翅中间，种子和果实不易分离。

124. 香椿有哪些营养价值？

香椿以采收嫩茎叶或种芽供食用，质地脆嫩，香味浓郁，风味独特，营养丰富（表 10），香椿含有芳香物质，可作重要的调料蔬菜。香椿营养价值高，富含蛋白质、氨基酸、各种挥发油、多种维生素和微量元素。蛋白质、维生素 C 含量居群蔬之首。香椿含有丰富的维生素 C、胡萝卜素等，有助于增强机体免疫功能，并有润滑肌肤的作用，是保健美容的良好食品。含香椿素等挥发性芳香族有机物，可健脾开胃，增加食欲。含有维生素 E 和性激素物质，有抗衰老和补阳滋阴的作用，故有“助孕素”的美称。

表 10　香椿每 100 克嫩叶芽中所含营养成分

营养成分	含量（克）	营养成分	含量（毫克）	营养成分	含量（毫克）
蛋白质	5.7	胡萝卜素	0.93	钙	110
脂肪	0.4	维生素 B_1	—	磷	120
碳水化合物	7.2	维生素 B_2	—	铁	34
粗纤维	—	尼克酸	—		
维生素 C	56				

注：根据张国宝《野菜栽培与利用》资料制表。

125. 香椿有哪些药用价值?

香椿具有清热利湿、健胃理气、润肤明目、止血固精、消炎、利尿解毒之功效。是辅助治疗肠炎、痢疾、泌尿系统感染的良药。香椿的挥发气味能透过蛔虫的表皮,使蛔虫不能附着在肠壁上而被排出体外,可用治蛔虫病。香椿的根、皮、叶、果均可入药,对防治感冒、肠炎、肺炎、慢性痢疾、膀胱炎、尿道炎等均有疗效。

126. 香椿生长需要怎样的环境条件?

香椿适应性和抗逆性均较强,喜较强光照,不耐阴。在光照充足、昼夜温差大、雨量适中的山区种植椿芽产量高,品质好。喜深厚肥沃的沙质壤土和冲积平坦地区。

(1)温度　香椿对温度的适应性很强,年平均温度在 8～20℃ 的地区均可栽培。其生长适宜温度为 16～25℃,最适宜生长温度为 20～25℃,高于 35℃时生长停止。香椿树较耐低温,成龄树能耐较长时间－20℃的低温,根蘖的耐寒性与大树相同。但一年生香椿幼苗耐寒性差。在日平均温度达到 10℃时,香椿树就可绽芽。在 3～4 月份 20℃的条件下香椿生长最快,11 月下旬开始落叶(不完全落叶),在南方冬季仍可继续生长。

(2)光照　香椿树既喜光,又忌光。喜光是指充足的光照可获得较高产量。忌光是指香椿树干长时间接受阳光直射,易出现偏树干现象和日灼灾害。

(3)水分　香椿树喜湿也忌涝。在积水 7 天左右的情况下,4 龄以下的香椿死亡率达 100%,但过于干旱时,其生长量大幅度下降。香椿树根系发达,具有一定的抗旱能力。但干旱影响其侧芽的萌发,应及时浇水。水分过多易引起根茎部腐烂而死苗,因此栽培地地下水位不能过高,以 1.5 米以下为宜。过湿比干旱更不利于香椿生长。

(4)土壤　香椿在酸性、微酸性和中性土壤中均可生长,在河谷、山区、路边、村头、庭院都可健壮生长，可不占用耕地，但以选择土质肥沃、疏松、通气性良好的壤土或沙壤土栽培最好。

总之，香椿喜光，喜温暖湿润之气候，可耐低温、水湿、干热，不耐荫，抗污染能力差。在石灰岩地区生长良好，适宜于在年均温度10～23℃，年降雨量700～3 300毫米的低山丘陵、平地、干热河谷地区栽培。

127. 香椿有哪些栽培品种？

我国香椿有10余个栽培品种，大体上可分为红椿和绿椿两大系列。作为木本蔬菜，以选择红椿系列为优，如红香椿、褐香椿、黑油椿、红油椿、红芽绿等品种。而绿椿系列，树干通直，宜作为速生用材树种。

①红香椿　红香椿原产山东沂蒙山区。其主要特点是香椿芽初萌发时呈棕红色，以后除顶部1/4～1/3保留红色外，其余逐渐变为绿色。大树根部长出的小苗，其小叶主脉及叶柄表面为棕红色，颜色鲜艳。展叶后，小叶有7～13对，呈椭圆形，前端尖，基部宽圆，叶缘呈锯齿状。

红香椿的芽薹及复叶柄粗壮，芽脆嫩，多汁，渣少，香味浓郁，味甜，无苦涩味。

红香椿1～2年生苗木主干为绿色，3～4年生幼树主干为棕褐色。大树主干通直，树皮为黑褐色，纵裂浅。树冠呈卵圆形，侧枝向上斜伸。红香椿生长快，为芽、材兼用品种。

芽较耐低温，早熟，在高水肥条件下生长很快，是适合设施栽培的好品种。

②红叶椿　红叶椿芽初生时，芽薹和嫩叶为棕褐色，小叶叶脉下凹明显，8～10天长成商品芽。其外形与红香椿相似，只是鲜亮程度介于红香椿与褐香椿之间。5月初芽薹前端为棕褐色，其他部分为绿色。小叶背面为棕褐色，展叶后，小叶有7～12对，前端呈楔形，基部呈圆形，叶缘呈锯齿形。

红叶椿嫩芽脆嫩，多汁，香味略淡于红香椿，味甜。1～2年生红叶椿苗木主干为绿色，树皮为暗灰褐色，纵裂浅。在河南、山东、安徽、河北等地均可栽植。

该品种主干明显，生长旺盛，其嫩芽香气较淡，易木质化，品质差。但红叶香椿是优良的用材品种。

③褐香椿　褐香椿在山东省胶东一带种植较多。褐香椿芽初生时，芽薹及嫩叶为褐红色。芽粗壮，小时叶片较大，肥厚，皱缩，有白色茸毛，8～12天可长成商品芽。芽、茎基部及复叶下部的小叶微带绿色。5月上旬除芽薹前端为褐红色外，其他小叶及芽薹下部均为绿色。展叶后，小叶有8～10对，呈椭圆形，前端尖，基部呈心脏形，并稍向一侧斜，叶缘呈锯齿形。

褐香椿嫩芽脆嫩，多汁，无渣，香味极浓，微有苦涩味。为香椿中的珍品。

褐香椿一年生苗木主干为深棕红色，两年生苗木主干为灰褐色。大树分杈早，树皮为黑褐色，纵裂较深，树冠呈卵圆形。喜肥水，贫瘠地上的苗木易矮化。

褐香椿较少，常混生于红香椿和红叶椿之中。

④黑油椿　黑油椿原产安徽省太和县。幼树长势强壮，萌芽力强，采芽15年后长势渐弱。黑油椿芽初生时，芽、茎及嫩叶为紫红色，8～13天长成商品芽。复叶下部的小叶表面为墨绿色，背面为褐红色。芽薹表面为紫红色，背面为绿色，小时叶片皱缩，较肥厚。5月上旬芽薹上部及该处的复叶为紫红色。

黑油椿的芽薹和嫩叶的颜色不如褐香椿深，但比褐香椿色泽亮，生食无苦涩味。

黑油椿嫩芽肥壮，香味特浓，脆嫩，多汁，味甜，无渣，品质上等。该品种喜肥水，适宜于比较肥沃的地区栽培，也可与蔬菜或大田作物间作。

⑤红油椿　原产安徽省太和县，树冠紧凑，生长旺盛，枝粗壮。芽初放时鲜红色，展叶初期变鲜紫色，光泽油亮，嫩叶有皱纹，肥

厚,香味浓,有苦涩味,生食时需用开水速烫。椿薹及叶轴粗壮肥嫩,色微红,食之无渣。

⑥红芽绿香椿　红芽绿香椿芽初生时,芽、茎和嫩叶为浅棕红色,5 天后除前端为浅红色外,其他部分均为黄绿色,6～10 天可长成商品芽,整个芽体为绿色。5 月上旬仅芽尖及该处复叶前端 3～4 对小叶为浅黄色,其他部分为绿色。展叶后,小叶有 8～16 对,叶形与褐香椿相似。但其基部呈圆形。

红芽绿香椿嫩芽粗壮,鲜嫩,味甜,多汁,渣少,香味淡。其营养成分中除脂肪含量稍高外,其他成分含量较低。红芽绿香椿是从绿芽香椿中选育出的品种,其产量较高。木质化慢,芽薹粗壮宜鲜食,发芽早,产量高,可用于温室早熟栽培。同时也是优良的用材品种。

⑦青油椿　青油椿芽初生时,芽、茎及嫩叶为紫红色,6～7 天变为绿色,10～14 天长成商品芽。芽薹前端和复叶前端的数对小叶为浅褐色。小叶表面油亮,特别是芽薹附近的小叶。芽脆嫩,多汁,渣少,味甜,无苦涩味,椿芽不易老化。

青油椿树冠紧凑,树势强健,抽枝力强,生长快。适宜在平原地区及肥沃的梯田栽植。

⑧薹椿　薹香椿因幼芽不易木质化,质嫩如菜薹而得名。芽初放时淡褐红色,展叶后正面黄绿色,背面微红,叶稍有皱缩。8～13 天长成商品芽。展叶后,小叶有 7～12 对,基部呈宽楔形,叶面光亮。

薹椿嫩芽脆嫩,微甜,汁多,味浓,品质好,生长势强,上市期长,可延至夏至前后,是设施栽培的优良品种。

薹椿在长期的栽培过程中,通过选择,形成了许多地方品种,如水椿、黄罗伞、米尔红、柴狗子和红毛椿等。

128. 怎样繁殖香椿树苗?

香椿食用部位是嫩芽梢,俗称椿芽,是从木质化的香椿植株上采集下来的，所以其生产过程主要是培育植株。利用香椿的枝条、根蘖、根段进行繁殖，由于繁殖系数小，苗木整齐度差，生产上一般采用种子繁殖。

(1)选择优质种子　香椿种子寿命短，200～240 天，因此要选当年的新种子，种子要饱满，颜色新鲜，呈红黄色，种仁黄白色，净度在 98%以上，发芽率在 70%以上。

(2)苗圃准备　香椿幼苗对水分和土壤通气性要求严格，宜选择肥沃疏松，通气性良好，能灌能排的高燥地段做苗圃，忌用黏重、前茬作物为茄科及香椿的地块，否则易患根腐病。每亩施腐熟的农家肥 3 000～4 000 千克，过磷酸钙 50 千克，尿素 30 千克，做基肥，施肥后翻耕和整地，同时喷施 5%辛硫磷进行土壤消毒杀灭地下害虫，然后做畦待播。

(3)种子处理　为了出苗整齐，需进行催芽处理。催芽方法是：用 2 倍于种子量的 40℃的温水，浸种 5 分钟左右，不停地搅动，然后放在清水中浸泡 24 小时，种子吸足水后，捞出种子，沥去水分。将种子混合等量的干净细沙摊放到干净的苇席上，厚度 3 厘米，再覆盖干净布，放在 20～25℃环境下保湿催芽。催芽期间，每天翻动种子 1～2 次，一般经过 7～10 天，有 30%的种子裂嘴，露出胚根时即可播种。

(4)播种　春秋两季均可播种，北方以春播为主。春季 3～5 月份，但最低温 1～5℃就可播种，在整好的苗床上按行距 20～30 厘米开沟，沟深 3～4 厘米，播幅宽 6～10 厘米，用锄趟平沟底，浇小水湿沟，水渗下后，将催芽后的种子均匀地撒入沟内，每亩用种量 2～4 千克。播后覆土 1～2 厘米，顺沟轻轻耙平覆盖。然后覆地膜保墒，以利出苗。

(5)苗圃管理　播后 7 天左右出苗，未出苗前严格控制浇水，以防土壤板结影响出苗。当小苗出土长出 2～3 片真叶时，应进行间苗，结合间苗进行移苗补栽。控制每平方米 25～30 株。株高 50 厘米左右时，用 15%多效唑 200～400 倍液，间隔 10～15 天喷

1 次,连喷 2 次,即可控制徒长,增加物质积累,促进壮苗。

129.怎样露地栽培菜用香椿?

菜用香椿林的栽培目的是采收椿芽,要求椿芽产量高,肥嫩鲜美。

(1)定植　香椿芽由枝条顶芽形成,单位面积的树多,枝条顶芽也多,椿芽产量就高,菜用香椿的栽植密度要高。香椿一般冬季落叶后至早春未萌芽前定植为宜。定植前每亩施入腐熟有机肥 3 000～4 000 千克,复合肥 30～40 千克作底肥。露地栽培一般以 1.2 米行距,株距 33 厘米,每亩栽 1 650 株。定植后浇足定根水,以利成活。

(2)平茬、摘心促发分枝　平茬是一种重短截,春季栽植苗木后立即在地面以上 10～20 厘米处短截,平茬可使树体矮化和促发分枝。待到新梢长到 40 厘米时,新梢摘心,再次促发二级分枝,保证每株树当年形成 10 个以上分枝。7 月份开始用 15％多效唑 200～400 倍液,间隔 10～15 天喷 1 次,连喷 2～3 次,控制徒长,增加物质积累,使树体矮化。

(3)肥水管理　苗木定植后浇 1 次透水,20～30 天后再浇 1 次水,香椿不耐涝,每次浇水或雨后及时中耕除草松土,使土壤通气良好。5 月份、7 月份和 9 月份各追肥 1 次,前两次每次每亩追施尿素 20 千克或腐熟人粪尿 1000 千克,9 月份追施过磷酸钙 50～60 千克。第二年进入采摘年龄后,每年 2 月下旬在根部周围覆地膜,提高地温,可提早 10～15 天发芽,萌芽前结合浇水每亩追施尿素 30 千克或腐熟人粪尿 1 000～1 500 千克。6～7 月份,香椿树经多次采摘大量芽叶,养分消耗多,应增加追肥恢复长势,多发分枝。落叶后,行间进行深耕同时施入腐熟有机肥作基肥,提高土壤有机质含量。

(4)采摘　每年春季香椿树上肥大的芽苞萌发,抽生短枝和嫩叶,当长到 20 厘米左右长,尚未木质化前就可采收。香椿顶芽采摘后，处于潜伏状态的侧芽可萌发，还可采收，民间有“香椿不怕剃头，石榴不怕修脚”的说法。香椿一年可采收多次，通常树苗栽植后第二年就可开始采收，最初2年一般每年采收2次，以后每年可采收3～5次。

130.怎样利用日光温室栽培香椿？

一般露地香椿谷雨前后才采收，为在春节前后能够有鲜嫩香椿上市，可采用日光温室栽培。

(1)苗木准备　由于温室特殊的生产环境和生产成本高，因此，温室生产用苗木须专门培育。一般采用露地育苗，温室高密度移栽。另外，应培育低矮，粗壮和顶芽饱满的苗木。

(2)起苗　由于香椿不耐霜冻，1～2年生的香椿苗木耐低温的能力更弱，所以必须按时出圃香椿苗木。一般在10月下旬到11月上旬，当地初霜到来之前，苗木已落叶后，及时起苗。

(3)低温处理　香椿落叶以后需要一段时间的低温休眠，才能正常地萌芽生长。冬季日光温室生产香椿芽必须打破苗木的自然休眠，使其提前萌发生长；如果定植前不进行低温处理，会出现初芽头短、叶片小、纤维多、香味不浓，并有苦涩味，品质差。低温处理方法：假植，即选一背风向阳处，挖0.5米深、1～1.5米宽的假植沟，将整理后的苗头斜摆在沟内，梢部朝南或朝东，根部培土并浇水。如突然降温，可用柴草或秸秆覆盖梢部。保持10℃以下的自然低温20天即可。

(4)整地施肥　定植前每亩施入充分腐熟的优质有机肥5 000千克、过磷酸钙100千克，撒施于地面，深翻30厘米，混匀土粪，耙细搂平，准备栽苗。

(5)定植　华北地区一般在12月初，当日平均温度降到3～5℃时，即可定植。沿南北方向开一条深30厘米、宽20厘米的沟，按5～6厘米株距栽苗。栽苗时苗木根系要保持舒展，但可交叉重叠，栽完一行后，取下一行开沟挖出来的土进行培土，依次栽第二行、第三行等。同时尽量将小苗栽于南侧，大苗栽于北侧，形成南低北高的一条斜线，以利于生长和受光。每隔4～6行留一畦埂，便于浇水和其他管理。一般当年生苗木，每平方米栽100～150株。

(6)温度调控　温度是影响香椿生长发育的最主要的因素，温度调控是香椿栽培成功与否的关键技术之一。封膜后温室内温度逐渐升高，白天保持在16～25℃，夜间12～14℃。在这种条件下经30～40天，顶芽开始萌动。温度保持日均温12～20℃，椿芽从萌动到齐芽需11天，再过10天椿芽长到20厘米左右时，就可采收。

(7)湿度和营养调节　椿苗移入温室后，立即浇足水，使土壤沉实，根土紧密接触，12月份至翌年1月份，温度低，温棚封闭严，土壤蒸发量小，不需要浇水；室内空气干燥时可向空中喷水，保持60%～70%的空气相对湿度。早春待第一茬收完后，第二茬芽萌动，土壤蒸发量大，需水量增加，再及时浇水，并结合浇水每平方米施尿素0.25千克。以后每次采芽结束时应灌水、施肥1次。

(8)椿芽采摘　正常情况下春节前后，芽长15～20厘米、芽色红、肥嫩、无渣、质脆，香味浓郁时采收。采收过早，芽小，产量低；采收太晚，芽长叶大，粗糙，香味淡，品质差，总产值降低。在采芽过程中要使用剪刀，从芽基部剪取嫩芽，且不要用手猛掰，以防伤害到主茎木质部，椿芽采摘时宜全部采摘，采摘顶芽后，上部4～6个侧芽迅速萌发，过15～20天可采收第二茬椿芽，以后每半月左右采收1次，到3月底可采芽4～6次。4月初，将椿苗移出温室进行露地栽培，待翌年冬季再移植到温室内培育椿芽，可连续种植3～4年。

131.怎样进行香椿芽苗生产？

芽苗香椿菜是一个新发展的蔬菜品种，它利用香椿种子作为生产材料，生产出芽苗直接供食用，其品质鲜嫩、营养丰富，无污染，深受消费者喜爱。栽培香椿芽苗能充分利用有限空间多层生产，在短期内取得很高收益。每千克种子可产芽苗 5～8 千克。

(1)栽培场所　冬季、早春及晚秋可利用日光温室，工业厂房或民房作为栽培场所。当室外日平均温度高于 18～20℃时可露天栽培。

(2)设施　栽培架用角铁或竹木等材料制成。栽培架一般 3～5 层，每层间距 45～50 厘米，宽度依苗盘长度而定。栽培容器一般选用塑料发泡箱或木盘，底部要求透气漏水，宽 40 厘米，长 60 厘米，高 10 厘米。基质选用珍珠岩、白云石粒等。

(3)种子处理　同上。

(4)播种　将催过芽的种子均匀撒在湿基质上，一般(60 厘米×40 厘米)的盘，每箱盘 100～150 克。播种后把箱盘放在架上，弱光生长条件下生长。

(5)芽苗管理　中等光照对芽苗最合适，光太强促使木质化，影响品质；太弱使芽苗细弱，并导致倒伏、腐烂。由于芽苗菜鲜嫩多汁，必须频繁补水。每天用 20～25℃温水喷淋或喷雾 2～3 次，以箱盘内基质不大量滴水为度，阴雨天少喷，高温干燥时多喷，室内白天温度保持 20～28℃，夜间温度不能低于 18℃，空气相对湿度 70%～90%。在整个生产周期中，播种初期光要弱，喷水要少，温度要高，后期温度要低，喷水量透光量随苗长大逐渐加大，整个生产过程要在无风条件下透气换气。

(6)采收　芽苗浓绿色，苗高 10 厘米左右时，子叶展开，肥大，心叶未出时便可采收，用小塑料袋整齐分装上市，或直接带箱盘上市出售。

芽苗香椿菜生产周期仅有 15 天，是一种投资少、见效快、收益高的新型产业。

132. 香椿病虫害有哪些？如何防治？

香椿常见的病害有立枯病、干枯病、白粉病。虫害主要有草履蚧、黄刺蛾、云斑天牛、香椿蛀斑螟。

(1)立枯病　在排水不良和土壤湿度大的情况下容易发生此病。此病主要危害幼苗和半成株。幼苗染病多造成芽腐、立枯或猝倒。大苗染病则表现为根茎和叶片腐烂，潮湿时病叶表面产生稀疏白霉，患处皮层变为赭褐色，继而变为黑褐色，流水，腐烂。病株生长缓慢，中期萎蔫落叶，重者导致死亡。

防治方法：

①适时间苗，避免苗木过密，控制氮肥施用量，增施磷、钾肥，培育壮苗。

②防止积水，避免施肥烧根，切忌大水漫灌。

③发现病株及时拔除，用1%波尔多液或50%代森锰锌可湿性粉剂800倍液处理根穴。

④出圃苗木用0.5%高锰酸钾液浸根15～30分钟。

(2)干枯病　多发生于幼树主干，首先树皮上出现梭形水渍状湿腐病斑，继而扩大，呈不规则状。病斑中部树皮开裂，溢出胶。当病斑环绕主干1周时，上部树梢枯死。

防治方法：发病时用70%甲基硫菌灵可湿性粉剂2 000倍液喷洒，或在病斑处打孔，深达木质部，涂抹10%碱水或氯化锌甘油合剂。

(3)白粉病　主要危害香椿叶片，有时也侵染枝条。病原侵染香椿叶片之后，最明显的症状是叶面，叶背及嫩枝表面形成白色粉状物(菌丝及粉孢子)。后期于白粉层上产生初为黄色，渐变成黄褐色，最后变成大小不等的黑色小点(闭囊壳)。叶片上病斑不太明显，呈黄白色斑块，严重时卷曲枯焦，嫩枝条受害严重的可以扭曲变形，以致枯死。

防治方法：及时清除病枝、病叶，并予烧毁。加强抚育管理，合理施肥，增强树体的生长势和抗病能力。

药剂防治：香椿发芽前可喷1次5波美度的石硫合剂，生长季节可用0.3～0.5波美度石硫合剂喷2～3次。也可以用2.5%三唑酮(粉锈宁)可湿性粉剂 1 500～2 000 倍液,或 25%硫黄悬胶液 200 倍液,或 70%甲基硫菌灵可湿性粉剂 600～800 倍液喷布枝叶。

(4)草履蚧　又叫树虱子,一年发生一代,以卵在寄主附近土缝及地堰中越冬。翌年 1～2 月份孵化。天冷时若虫先密集于近地面的树干基部,树芽萌动后上树危害嫩芽及 1～2 年生枝条,使幼芽枯萎,枝条干枯。5～6 月份成虫出现,雌虫交尾后爬入土中、石缝内,分泌白色絮状卵囊,在其中产卵。卵多产在树干周围 1 米内的土中越冬。

防治方法:秋冬季结合挖树盘,施基肥,挖除树干周围越冬的卵囊。早春,若虫上树前在树干上涂黏虫胶环(蓖麻油或废机油、松香各 1 份,将蓖麻油加热后加入香粉搅匀,溶化),或在树干基部周围绑一圈塑料薄膜,宽 20 厘米,钉住两端,阻止若虫上树。若虫上树后可用 80%敌敌畏 1 000 倍液喷洒。

(5)黄刺蛾　此虫在黄淮及以南 1 年 2 代,东北地区 1 年 1 代。以老熟幼虫在树上结茧越冬。因各地气候不同,发生期显著不同。成虫多在晚上羽化,以 17～22 时为盛。成虫多夜间活动,有趋光性,白天多静伏叶背面。产卵多在叶背面,每头雌虫产卵达数十粒,聚集在一起。成虫寿命 4～7 天。卵经 5～6 天孵化。幼虫共 7 龄。初时群居,仅食叶肉,后分散,食量大增,常将叶片吃光。老熟幼虫在树枝上结茧越冬。

防治方法:

①摘除越冬虫茧　冬季落叶后,树上虫茧裸露,结合修枝摘除虫茧。

②保护天敌　上海青蜂、黑小蜂、赤眼蜂、小茧蜂和姬蜂均可在刺蛾幼虫体内产卵寄生,尤以上海青蜂寄生率高,幼蜂可将黄刺蛾致死,应予大力保护。

③灯光诱杀　利用成虫趋光性,在成虫羽化后,每日 19～21

时，设黑光灯诱杀成虫。

④化学防治　幼虫期可喷90%晶体敌百虫1 200～1 500倍液，10%氯氰菊酯(灭百可)乳油5 000～8 000倍液。

(6)云斑天牛　成虫啃食新枝嫩皮，使新枝枯死，幼虫蛀食枝干，影响树木生长，严重者可致整枝、整树死亡。2～3年发生1代。以幼虫和成虫越冬。越冬成虫于翌年4～5月份飞出树干取食，交尾，产卵。成虫取食叶片和新枝嫩皮，昼夜均能飞翔活动，但以晚间活动居多。卵大都产于树干离地面30～50厘米处。产卵前先在树皮上咬成长圆形或椭圆形指头大小的“刻槽”，然后产卵1粒。卵期10～15天。初孵幼虫在韧皮部蛀食，受害部变黑，树皮膨胀，流出树液，排出木屑和虫粪。20～30天后，幼虫逐渐蛀入木质部，并不断纵向蛀食，虫道长达25厘米左右。老熟幼虫在虫道顶端蛀一宽大椭圆形虫室，在其中化蛹。蛹期1个月左右，9月中下旬羽化成成虫，在蛹室内越冬。

防治方法：

①在成虫集中出现期，组织人工捕杀。

②成虫产卵部位较低，刻槽明显，可组织挖掉虫卵。

③树干上发现有新鲜排粪孔，用80%敌敌畏乳油200倍液，或40%乐果乳油400倍液注入排粪孔，再用黄泥堵孔，毒杀幼虫。

(7)香椿蛀斑螟　该虫为专食性害虫。危害香椿的枝干，从4～5年生幼树到数十年大树均受其害。幼树主干受害后，常致整株死亡，大树枝条受害引起枯枝。1年发生1代。以大龄幼虫在枝干内越冬。翌年3月下旬至4月上旬越冬幼虫开始爬出取食。5月初开始爬出虫孔，另寻皮缝，虫孔口凹陷处，吐丝缀合虫粪，结茧化蛹。蛹期1个月左右。6月上旬开始羽化成虫，中旬达羽化盛期，下旬为末期。成虫常在17～19时羽化，次日即可交尾产卵，夜间将卵产于树干皮缝伤口处。幼虫孵化后蛀入皮内，在韧皮部与木质部之间蛀食。受害轻者伤口可以愈合，枝干上留下粗肿的愈伤组织，重伤口则不能愈合，枝干上下形成孔洞，并裸露木质部，伤口处排出褐色粪便和流胶，黏附树体。

防治方法：

①合理修枝，剪除被害虫枝，予以烧毁。

②越冬幼虫早春爬出取食时，采用化学防治，可用 90% 晶体敌百虫 1 000 倍液喷施，毒杀幼虫。这是全年防治最关键的一环。

133. 如何采集香椿种子?

香椿树幼树不能开花结籽，当树龄达 7～8 年时开始开花结果。适龄香椿树要采收种子时，当年不能采摘椿芽，若采摘过顶芽，续发的侧芽就不能开花结果。

采种树树龄选 10～30 龄生长健壮、发育良好、无病虫害的成年香椿树为好，否则会影响种子活力。北方地区在 10 月中下旬果实由绿变黄褐色时表明果内种子已达到成熟阶段，应及时剪下果实。采收过迟，果皮纵裂，外卷，种子容易随风飞散；提早采收，种子尚未充分成熟，种子播后不易出苗。采回的果实忌暴晒，晾晒至果壳裂开后，抖动果柄，种子便可脱出。香椿种子含油脂较多，极易丧失生活力，应在干燥低温条件下保存。种子的贮存宜装在麻布袋内挂于通风干燥处，严禁用塑料袋装存。也可以以 2 倍于种子量的细沙与种子混合装入缸或罐中，置于 1～5℃下贮藏，以使种子安全越冬。在常温下贮藏的种子半年后发芽率仅有 40%～50%，一年后几乎全部失去发芽能力。保存期间种子上的膜质翅不能搓去，以免影响种子发芽率。

134. 怎样食用香椿? 食用注意事项有哪些?

香椿有“树上青菜”之称，具有独特香味，营养价值丰富，很适合春末夏初时吃。民间素有“门前一树椿，春菜不担心”的说法，著名的菜肴有香椿炒鸡蛋、香椿拌豆腐、香椿饼、香椿皮蛋豆腐等，还可以腌制、制酱、制茶、制酱油等各种加工品。

但需注意的是，香椿中含有亚硝酸盐，香椿老叶中含量更高，食用不当会中毒。试验证明，香椿用沸水焯烫1分钟，可去除2/3以上亚硝酸盐，还不影响色泽。为减少亚硝酸盐摄入，所以吃时要选嫩芽，吃前须焯烫。多食易诱使痼疾复发，故慢性疾病患者应少食或不食。

十三、刺　五　加

135. 刺五加有哪些别名？产地、分布在哪里？

刺五加，别名五加参（药名）、刺拐棒（中国东北）、五加皮、刺老鸦子、刺花棒、一百针、老虎獠子、刺木棒、坎拐棒等。为五加科五加属的多年生落叶小灌木。

刺五加主要分布于黑龙江省小兴安岭以南各山区，吉林、辽宁、河北、山西也有分布，其分布区往北达俄罗斯的远东地区及朝鲜和日本。

刺五加生于阔叶混交林与针阔叶混交林林下及林缘，山坡灌丛中及山沟溪流附近也时见有生长。

136. 怎样识别刺五加？

（1）枝　株高 1～2 米，茎枝通常密生细长倒刺（图 34），有时少刺或无刺。1～2 年生枝常密生向下的针状刺，而老枝或花序附近的枝生刺较稀少或近于无刺。

（2）叶　叶为掌状复叶，有小叶五枚或同株上也有 3 或 4 枚小叶的（图 34），小叶椭圆状倒卵形；互生，叶柄有细刺；边缘有锯齿，小叶柄长 0.5～2 厘米。

（3）花　伞形花序单个顶生或 2～4 个聚生、花多而密，总花梗长 5～7 厘米；花萼无毛，有不明显 5 齿或几无齿（图 35）；花瓣 5，黄白色，卵形。雄蕊 5，子房 5 室。花期 6～7 月份。

（4）果　核果浆果状，球形或卵形，紫黑色（图 36），径 6～9 毫米，干后具明显 5 棱。基部具一长果柄，有宿存花柱。果核半圆

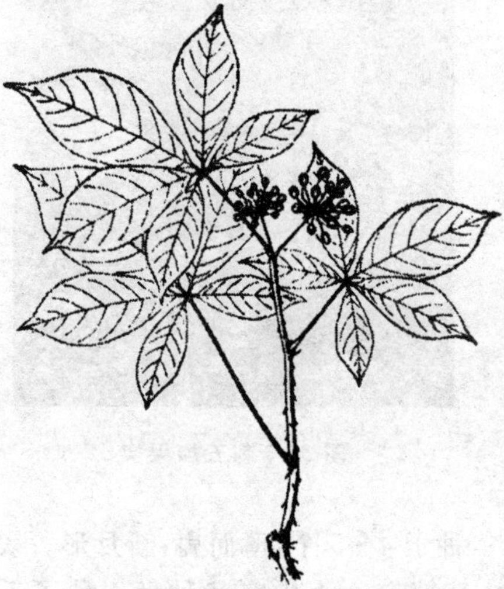

图 34　刺五加

图 35　刺五加花

形，扁，表面黄白色或带棕色，粗糙；背侧呈弓形隆起，其宽度明显超出果核其他部分的厚度，而使果核横切面略呈“T”字形。两侧面略凸，腹侧平直，下端具一吸水孔。果期 7～10 月份，果实在 9～10 月份成熟。

图 36　刺五加果实

(5)种子　种子 4～5 个，薄而扁，新月形。表面棕色，有一纵行暗棕色种脊，基部有一小尖突状种柄。种子千粒重为 10.4～11.4 克。

(6)根　根系发达。分布在 20～30 厘米土层中，延伸横窜，形成连片墩丛；根圆柱形，多分枝，常扭曲，长 3.5～12 厘米，直径 0.3～1.5 厘米；表面灰褐色或黑褐色，粗糙、皮薄，剥落处呈灰黄色。质硬，断面黄白色。有特异香气，味微辛、稍苦、涩。

137. 刺五加有哪些营养价值？

刺五加含多种糖类、氨基酸、脂肪酸、维生素 A、维生素 B_1、维生素 B_2 及多量的胡萝卜素；另含有芝麻脂素、甾醇、香豆精、黄酮、木栓酮、非芳香性不饱和有机酸、多种微量矿物质等。

刺五加嫩茎和鲜叶食用价值很高，每 100 克嫩芽含胡萝卜素 5.4 毫克、核黄素 0.52 毫克、抗坏血酸 121 毫克，还含有丰富的维生素。其嫩茎风味独特，清香微苦，是一种珍稀的绿色保健蔬菜。所以古人说，“宁得五加一把，不要金玉满车”。

138.刺五加有哪些药用价值？

刺五加有抗疲劳、补虚弱、增强骨髓造血功能，并具有舒筋活血、祛风湿之效。可以增强网状内皮系统及巨噬细胞的功能，以提高骨髓造血功能。并且可以调节中枢神经系统的兴奋和抑制过程，使二者趋于平衡，并有益智、安神及帮助睡眠的作用。

《神农本草经》将刺五加列为上品。上品乃指无毒，久服可以轻身、延年益寿而无害。刺五加自古即被视为具有添精补髓及抗衰老作用的良药。商品名为五加参，在日本则称为虾夷五加，而在前苏联又称为西伯利亚人参。《本草纲目》称刺五加。五加治风湿，壮筋骨，其功良深，“宁得一把五加，不用金玉满车”，又“文章作酒，能成其味，以金买草，不言其贵”之说，对刺五加做了很高的赞誉。

刺五加于《实用补养中药一书》中记载，属于补气药，具有补虚扶弱的功效，用来预防或治疗体质虚弱之症候，滋补强壮，延年益寿。

139.刺五加生长需要怎样的环境条件？

(1)温度　在天然林内，气温达 8℃以上，土中 10 厘米深度达 2℃时，地下根部开始向前生长，气温 12℃以上，土中 10 厘米深度 7℃以上，植株的顶芽和芽苞开始萌动，发芽开始。气温 18℃以上开花结果。

在小兴安岭，刺五加叶芽膨大期为 4 月 16～21 日，叶芽开放期为 5 月 8～16 日，展叶期为 5 月 10～20 日，以后进入旺盛生长。6 月下旬出花蕾，始花期为 7 月 5～12 日，盛花期为 7 月 20～30 日，9 月上旬果实变色逐渐成熟，果实在树上的生育期仅 50 天左右。10 月落叶。果实落地后在树枝落叶层覆盖下，经过 2～3 年才能萌芽长出幼苗，幼苗当年高只有 3～5 厘米。

(2)光照　刺五加耐阴，适度光照和空气湿润有利于刺五加生长发育，但光照过强，空气干燥不利于它的生长与结实。如生于天然林内，上层郁闭较大。其植株高而细，高度 2 米左右，年生长量 10～15 厘米，虽开花结果，但结果少，种子空粒多。生于林间空地或林缘的刺五加植株虽稍矮，通常高 1.5 米，但粗壮，开花结果多，种子饱满。而且母株根蘖苗多，生长快，当年萌发枝条年生长 50～100 厘米。在平地上全光下栽培的刺五加，植株矮小，通常高 1 米左右，年生长 20～30 厘米，最大年生长 40 厘米。越冬之后，顶梢干枯开花少，难以结实。

(3)土壤、水分　刺五加对土壤要求不是很严格，但喜欢土壤湿润，中性或微酸性土壤，以腐殖质深厚、土壤微酸性的杂木林下及林缘为最好。土层深厚、肥沃，排水良好稍带酸性的冲积土、沙质壤土也是很好的选择。

140. 刺五加种子有什么特性？怎样采集种子？

刺五加种子有胚后熟特性，种胚要经过形态后熟和生理后熟之后才能萌发。刺五加果实于每年的 8 月下旬开始成熟。刚采收下来的种子的种胚并没有发育成熟，没有形成具有胚根、胚轴、胚芽和子叶完整的胚，还处于胚原基的状态。在一定的湿度条件下，经 90～100 天，才能完成胚的形态后熟，形成具有胚根、胚轴、胚芽和子叶完整的胚。此时种子可以裂口，裂口的种子即使在适宜的温湿度条件下播种，也不能出苗，还要经过一个低温条件进行胚的生理后熟。只有打破胚的生理后熟的种子，播种后在适宜条件下才能发芽出苗。

刺五加主要采收野生种子，因成熟度不一致，种子发芽率很低，同时刺五加种子还有后熟休眠的特性。刺五加种子不可一次采收，一定要分期分批采收成熟的果实，即果实呈黑色变软时采收，采收的种子浸泡 1～2 天，搓去果肉，再用清水漂洗，取沉底成熟饱满的种子，放在阴凉处风干。千万不能在太阳下暴晒种子。

141. 刺五加怎样利用种子繁殖?

(1)种子处理　种子用50%多菌灵可湿性粉剂500倍液消毒后用3倍量的湿沙混拌均匀,沙子湿度保持在最大持水量的60%左右,即手握成团,撒开即松为度。在15~20℃温度下催芽,每隔7~10天翻动1次,并逐渐降至10℃左右,沙藏3~4个月。约有50%的种子裂口时转移到3℃以下低温贮藏,待播种前3~5天置于室外催芽处理,有少量种子露白后即可播种。

(2)选地、整地　选择肥沃的中性沙壤土,具有排、灌条件的地块为育苗地,最好在秋季翻耙、做床,有利于消灭害虫。床高15~20厘米,宽100~120厘米,长不限。春季播种时用平耙将床面搂平,露出湿土,可采用撒播或条播。

(3)播种　于4月中旬播种。播前浇透底水。采用开沟条播,按行距10~15厘米开沟,沟深4~5厘米,将沟底压平,把处理好的种子撒于沟内,种子间距离2厘米左右;也可按株行距8厘米×8厘米穴播,每穴播种子2~3粒。播后覆土2~3厘米,稍压。床面用落叶或稻草覆盖3~5厘米保湿。

(4)苗期管理　出苗后及时撤掉覆盖物,幼苗初期应及时除草,浅中耕松土。适量浇水保持床面湿润,幼苗期要设遮阴帘。幼苗出土后约20天时,应在阴雨天及时撤掉遮阴帘,给幼苗充足的光照,促其高生长。为提高苗木木质化,进入8月份应控制浇水。

间苗、定苗　苗高3~5厘米时间苗,苗高10厘米时按株距8厘米定苗。

追肥　为培养壮苗,生长前期适当追施一些含氮量高的肥料,生长后期适当追施一些含磷钾多的肥料。可叶面喷施磷、钾肥,喷施有关抑制植物高生长的化学药剂抑制苗高生长,促进茎粗及根系生长。秋末向枝条基部培土3~5厘米。

(5)出圃　当年苗高5~10厘米,第二年可换床移植,再培育一年成为成苗,苗高30~40厘米可移栽定植。

也可采用与刺五加天然繁殖相似的方法播种。即把收取的种子立即播种或第二年6～7月份播种,等到第三年5月份出苗。

142.刺五加怎样进行扦插繁殖?

刺五加扦插繁殖分为硬枝扦插和嫩枝扦插。

枝插的插条有两个切口,形态学上端称茎极——长枝叶,形态学下端称根极——长根。故枝插不能倒插。

(1)硬枝扦插

①枝条采集 硬枝扦插应在刺五加休眠期进行,于秋末冬初割取刺五加1～2年生的成熟枝条作插穗,贮于窖中,第二年早春扦插。

②插床准备 可采用沙基或直接插于苗床上,插前插床要灌足底水,然后用地膜覆盖增温保湿,土温高于空气温度2～3℃,是生根的有利条件。在插前2天完成做床并盖膜增温最好。

③插穗制备 将窖藏备用的刺五加条取出,用清水洗净,截成10～20厘米长带2～4个芽的插穗,插穗切口要平滑,上端在芽上方1～2厘米处,剪成平口;下端在芽的下方,剪成马蹄形斜切口。把剪好的插条捆成小把,下面对齐,然后竖起,一把挨一把立放在水槽内或塑料盆内,放入清水浸没过插条6～7厘米,浸泡1～2天,经常换水,或置流水中,目的是把插条内的生长抑制物质洗掉,以利生根。

④扦插 扦插时按行距8厘米、株距5厘米、倾斜60度角,将插条斜插于苗床上,扦插深度掌握枝条顶端不得露在外,扦插后稍镇压,浇1次透水。芽萌发后要及时遮阴,并每天喷雾2～3次。

(2)半木质化嫩枝扦插 插床可选在野生刺五加附近的林下,或在住宅附近搭荫棚,苗床基质同样可用干净河沙或干净腐殖质土。

插穗必须当天早晨采取,插穗条从母株上采下后立即插入装有清水的桶中,保持水分,不使叶子凋萎。当日上午剪段处理后立即扦插。

6 月中旬剪取当年生半木质化嫩枝，剪成长 15～20 厘米，去掉下部叶，保留上部 1～2 片复叶，并把保留的叶剪去一半，插前将插条在 1 000 毫克/升的吲哚丁酸溶液中蘸一下，再按行距 15 厘米开沟，把插条按株距 5～6 厘米斜摆于沟内，再覆土，使插条有 2 芽露出土面，稍压实后浇水，并盖薄膜拱棚保湿，扦插后实行喷雾管理，叶片保持经常湿润。25 天左右生根，生根后去掉覆膜，秋末冬初，床上覆盖一层枯枝落叶保护越冬。嫩枝扦插苗当年只能生根，第二年植株才生长。生长 1 年后移栽定植。

刺五加扦插生根困难，管理较复杂，不易掌握。扦插期以休眠枝最好，其次是 6 月份剪取半木质化的嫩枝。

143. 刺五加怎样进行分株和压条繁殖？

(1)分株繁殖　刺五加地下有多条横向生长的根分布于 10～20 厘米深的土壤中，长到 30～50 厘米，甚至更长，顶端形成越冬芽，所以植株周围每年都可萌发出一些幼株，因而可在早春将这些分蘖株剪下，并带有数条须根；或结合挖根部药材时，适量挖取根蘖苗，挖穴定植。

萌蘖生长迅速，成熟快，第二年就能开花结实。用这种方法繁殖，成活率高，生长快，是一种快速有效的栽培方法。

为促进刺五加萌蘖，对母株进行抚育，根周围松土，有利于地下横根生长，能促进根上芽的萌发。

(2)压条繁殖　春季，选用刺五加母株的旺盛萌条，在节间靠近芽的下方，利刀刻出舌状的缺口，目的是刺激生根。将萌条弯曲压入地面，清除地表枯枝落叶，并用土将刻伤处理好，不让母条移位，再将全条培土埋严，土厚 5 厘米左右，经 50～60 天后即可生成健壮根系。当年 9 月中下旬，与母株分离定植。压条繁殖简便易行，适用于天然刺五加林的补植与扩建。

144. 怎样露地栽培刺五加?

(1)栽植时间　栽植时间宜在早春萌芽前进行,也可在秋后结冻前进行。

(2)苗木选择　移栽定植选择健壮的有性繁殖或无性繁殖苗。当年生幼苗,苗高要在10～15厘米,根茎2～3条,平均长度12～14厘米,须根发达。

(3)定植地选择　定植地可选土层深厚的山坡地、林边空地、荒地,也可开梯田等高种植。

选好地块后,清除地表杂物,深翻30～50厘米,耙细整平。栽植株行距以1米×1米为宜,坑穴按30厘米见方为宜,每穴施入腐熟农家肥5～10千克,与坑中土拌匀后再栽入。栽时要使根自然舒展,栽后盖土踏实并浇水,最好在早春萌芽前栽植,成活率较高。

(4)田间管理

①松土除草　定植后土壤见干后,要及时松土,结合除草,浅中耕松土,保持田间清洁。

②追肥　刺五加是喜肥植物,每个生育期应追肥2～3次:第一次在返青后进行,每亩追施腐熟农家肥2 000～3 000千克;第二次在前次追肥后30～40天进行,用肥量同前次,同时追施适量磷肥;第三次在秋后进行,用肥量同第一次。

③水分管理　刺五加喜湿润土壤,但又怕涝,生育期间不能缺水。如遇天气干旱,每2～3天浇水1次,在雨季还要注意排水防涝,不要使田间积水。

④培土　培土在入冬前进行。刺五加经过一个生育期的松土除草,有的根茎外露,影响越冬。秋末冬初应对刺五加进行培土。培土时能将根茎埋入即可。有条件的可在根茎部覆盖一些稻草,既有利于刺五加越冬,又有利于第二年刺五加的根茎分蘖。

145.怎样利用设施栽培刺五加?

(1)定植　定植前每亩施优质农家肥2 500千克,上面撒施50千克复合肥,然后耕翻,深30～50厘米。4月上中旬做畦定植,畦宽1米,高15厘米,行株距30厘米×20厘米。

(2)扣棚前土肥水管理　同露地栽培。

(3)修剪与平茬　随时剪除枯干枝、衰老枝、病枝、畸形枝,确保树体长势健壮、枝繁叶茂。扣棚前进行平茬,平茬时剪口要平滑,留茬高度为2厘米。

(4)扣棚与温、湿度调控　设施栽培第3年霜降前扣棚。扣棚后到萌芽经历7～10天的萌芽期,此期升温较慢,白天温度控制在10～15℃,夜温控制在5～8℃,最低不低于3℃,相对湿度保持在70%～80%;之后进入嫩芽生长期,逐渐升高温度,白天温度控制在20～25℃,夜间温度控制在10～18℃,保持棚室内相对湿度80%～85%,至嫩芽采收结束。扣棚后25～30天可采收第一茬嫩芽。

(5)扣棚后肥水管理　扣棚后每亩追施农家肥2 000千克和氮(N)、磷(P)、钾(K)复合肥100千克,同时浇1次透水,以后视干旱情况进行浇水。

(6)采收及采后管理　当嫩芽长15～20厘米,叶未完全展开时进行采收销售。采摘时用手折断嫩茎,基部至少保留2片叶,要随采随装入塑料袋中,防止失水变老,可采收8～10茬,每茬采后要浇1次透水。5月中旬嫩芽采收结束后及时撤膜炼树,增施肥水,改善树体营养状况,同时进行疏剪,每株保留2～3个新梢,为来年丰产创造条件。

146.刺五加常见的病虫害有哪些?怎样防治?

刺五加抗逆性很强,少有病虫害发生,偶有蚜虫危害。防治方法可参照荠菜害虫防治部分。

147.如何食用刺五加？食用注意事项有哪些？

刺五加嫩茎、嫩叶可食用。春季初发的嫩茎叶，入沸水锅焯过，清水浸泡，去除苦味，可以炝拌、清炒、做馅、煨汤等，也可腌渍、干制或制作软包装罐头。

注意：阴虚火旺者慎食。

十四、山　韭　菜

148. 山韭菜有哪些别名？产地、分布在哪里？

山韭菜别名有黑花野韭、野韭菜、长生草、野麦冬、书带草等。为百合科多年生草本植物。

山韭菜在我国北方各省均有分布，在全国各地也广行栽培。草原地区野生种分布尤为普遍，在东北、华北、西北等地区的山坡、草地和平原都有。

149. 怎样识别山韭菜？

(1)叶　叶基生，狭条形，扁平(图37)，边缘平滑，有明显的中脉，长10～20厘米，宽0.2～0.7厘米。

(2)根　须根系粗壮发达，具倾斜的横生根状茎，根系在根茎上有逐年上移的跳根现象(图38)。

(3)花　花白色或微带红色，伞形花序(图38)，花葶三棱状柱形，具3条纵棱。

(4)果　蒴果倒圆锥状球形，具棱。

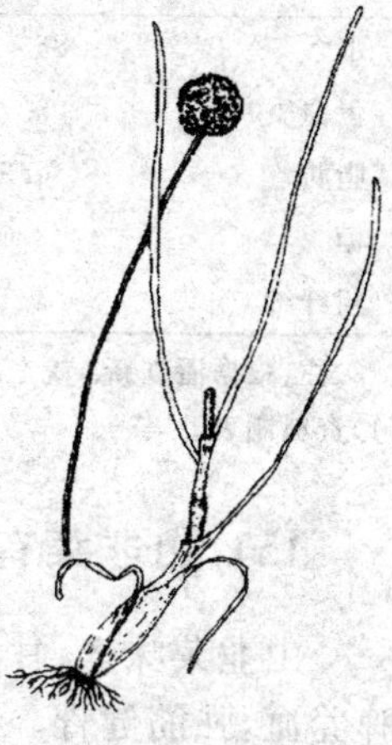

图37　山韭菜

150. 山韭菜有哪些营养价值？

山韭菜的叶片和花茎可食用。含有挥发油及硫化物、蛋白质、脂肪、糖类、维生素B、维生素C等(表

图 38　山韭菜花

11）。开花前的营养含量高于花后期的营养。

表 11　山韭菜每 100 克鲜嫩叶片中含营养成分

营养成分	含量（克）	营养成分	含量（毫克）	营养成分	含量（毫克）
水	86	维生素 C	—	钙	129
蛋白质	3.7	胡萝卜素	1.41	磷	47
脂肪	0.9	维生素 B_1	—	铁	54
糖	3.0	维生素 B_2	—		
粗纤维	4.1	尼克酸	—		

注：根据潘立新．皖东地区野韭菜的开发与利用[B]．资源开发与市场．2003，19(1)资料制表。

151．山韭菜有哪些药用价值？

山韭菜味辛、甘、性平。具有活血散瘀、祛风止痒的功效；可健脾养血，强筋健骨。为振奋性强壮剂，适用于肝肾阴虚盗汗最常用的食疗菜。具有补肾起阳作用，故可用于治疗阳痿、遗精、早泄等病症；山韭菜含有挥发性精油及硫化物等特殊成分，散发出一种独特的辛香气味，有助于疏调肝气，健胃增进食欲，增强消化功能；山韭菜的辛辣气味有散瘀活血，行气导滞作用，适用于跌打损伤、反胃、肠炎、吐血、胸痛等症；山韭菜含有大量维生素和粗纤维，能增进胃肠蠕动，治疗便秘，预防肠癌。

152. 山韭菜生长需要怎样的环境条件？

(1)温度　山韭菜喜欢冷凉气候条件，耐寒，不耐热，气温超过25℃生长缓慢，纤维增多，品质变劣。种子发芽适温为12℃以上，生长适温15～25℃，它的地下根茎可耐－40℃的低温。

(2)光照　山韭菜对光照要求不太严格，具有较强的耐阴性；光照过强，温度过高，叶肉组织粗硬，纤维多，品质差。当然光照过弱，光合产物积累少，分蘖少，叶片瘦小，产量低，易早衰。

(3)水分　山韭菜耐旱，要求较低的空气湿度和较高的土壤湿度，适宜的空气湿度为60％～70％，适宜的土壤湿度为田间最大持水量的80％～90％。水分是决定产量和品质的主要因素，水分不足不仅长势减弱，造成减产，叶柔纤维组织多而降低品质。

(4)土壤与养分　山韭菜的根系浅，吸收弱，适合在肥沃疏松、保水保肥能力强、排水良好的土壤中种植。因主要食用叶片，必须多施氮肥、配合施用磷、钾肥。栽培时，要经常培土，可防止“跳根”，避免根系暴露在地面之上。

153. 如何采收山韭菜的种子？

山韭菜花期在当年的6～8月份。7～8月份开花所结的种子，为优质的种子。对于采收种子的种株要减少收割，在春季收割1～2次韭菜后便停止，并加强肥水管理。抽薹时，土壤要适当干燥些，以防止花茎倒伏。韭菜结籽期要加施充足的肥水，使种子充实饱满，以提高产量。一般待花序上面的种子大部分成熟时，割下花茎，晒干收籽。

154. 怎样用种子繁殖山韭菜？

山韭菜种子繁殖一般采用育苗移栽，播种前4～5天，将种子放在40℃左右的水中浸泡，不停搅动使水温冷却，浸泡24小时后，用清水反复冲洗 2～3 次，去掉种子表面的明水，然后用干净的湿纸巾包好，置于 20℃左右的地方催芽，每天用温水冲洗 1 次，2～3 天后，可见 70%种子露白（有白色小芽）即可播种。

将苗床浇透底水，水渗透土壤后，将露白的种子均匀地撒播，上覆细土 1～1.5 厘米。覆草保持苗床的湿润，清明前后播种一般15～20 天出苗，夏初播种 68 天即可出苗。80～120 天后，苗高15～20 厘米时可以定植。

在移栽定植前 1～2 天，苗床要轻浇水，以利起苗。选择生长健壮、根系发达、无病虫害的优质壮苗移栽。定植的土壤要深翻，施足基肥，将平畦做成宽 1.2～1.5 米，畦埂高 15 厘米左右。移栽定植要避开夏季高温多雨时节，定植时，修根、剪叶，留下的须根4～5 厘米长，保留叶片 8～10 厘米长剪除叶尖部分。定植的株距为 10～20 厘米，行距 30 厘米，深度以土不压叶片为准。

山韭菜从定植后开始要加强肥水管理，培育根茎，第一年一般不割菜，使叶子生长繁茂、根茎粗壮，增加分蘖。第二年以后，于每年的春、秋两季可以多次收割青韭菜，每次收割后要及时追肥，使其恢复生长，防止早衰。

夏天高温，韭菜叶纤维多，品质差，一般不割收青菜叶，但可采收韭花。雨季要注意排水防渍，防止枯萎病，以利韭菜安全过夏。秋凉后，可继续收割 1～2 次即停止收割，要重施追肥，以促进地上部分的光合作用及根株的养分积累，并开始培土。

山韭菜成活 5～6 年后，其根系会上移地表，丛间植株光照、营养状态会变劣，分蘖细小，植株衰老，需重新用种子播种。

155. 怎样分株繁殖山韭菜？

山韭菜具根状茎，分根繁殖较易成活，地上部再生能力也较强。当山韭菜植株具 3 分蘖以上时，可分株繁殖，一般可在春季进行。其他季节分株要注意遮阴保湿，可用遮阳网覆盖，并及时淋水。分株定植的株距为 10～20 厘米，行距 30 厘米。每穴移栽

8～10 株幼苗。缓苗后适时浇水，随浇水每亩施尿素 10 千克。

156. 人工栽培山韭菜如何进行田间管理？

幼苗长出 3～4 片叶后，可开始灌水浇水。前期要加强肥水管理，做到勤浇、轻浇。加速幼苗生长促进发根长叶，当苗高达到 15 厘米时，要适当控水蹲苗，防倒伏。以后经常保持畦面湿润，一般每隔 7～10 天浇水 1 次，每年结合浇水追施尿素 2～3 次，每次每亩施尿素 10 千克。山韭菜对水、土、热的适应范围较广。生长环境较好时，生长茂盛，再生性较好，刈割后 15～20 天，就可再生到 10 厘米高。

山韭菜不耐炎热，气温高于 25℃时即可开始休眠，此时要遮阳挡雨，及时排涝，以防烂根。封冻前应浇封冻水。

157. 怎样对山韭菜软化栽培？

(1)培土软化法　可在秋、冬季或春季进行。夏季温度较高，培土以后，容易引起腐烂。培土法所得叶鞘(韭白)部分较长，而用草棚或塑料薄膜覆盖的叶鞘的部分较短。一般随着韭菜的生长进行 3～4 次培土。最后韭白部分可长达 35 厘米左右。一般都在栽植后的第二年的 10～11 月份开始，经过 20 多天培土 1 次，再过 25～30 天又培土 1 次，这样过一段时间以后可以收割韭白。

(2)瓦筒(草筒、泥筒)软化法　利用特别的圆筒形瓦筒或草筒或泥筒，罩住韭菜，利用筒体遮光来生产韭黄的方法，即称瓦筒软化法。生产韭黄是在前茬青韭充分长足收割青韭叶(茬口以上)后在韭株上罩瓦筒等生长出来的韭菜即韭黄，一般需 10～20 天，一年可收割 4～5 次。这种方法成本较高，也较费工，适合在气候炎热季节应用，而且可就地取材，方法简单。

(3)盖草棚软化法　这是最常用的方法，即在培土软化的基础上加盖草棚。

软化栽培的山韭菜，一般以 2～3 年生，生长健壮、分蘖数较多的植株进行软化栽培较为适宜。夏、秋季 7～10 天，冬季、早春 10～15 天可以收割 1 次，每亩可产韭黄 800～1 000 千克。

158. 如何对山韭菜进行采收？

山韭菜主要采收嫩叶，当植株大部分叶片长至正常大小时便应采收，以保证嫩叶质量。一般每隔 20～30 天采收 1 次，采收时从离地面 1～2 厘米处的叶片基部割收。夏季可收获花薹，秋、冬季收取根茎。一般每亩产韭菜叶 3 000～4 000 千克。

159. 如何食用山韭菜？食用注意事项有哪些？

(1)韭菜可以炒、拌，做配料、做馅等

①山韭菜炒鸡蛋　主料：韭菜 300 克，鸡蛋 150 克。

制作方法：将山韭菜洗净，切段。把鸡蛋在碗中打散，加入少许盐；葱洗净切葱花，姜洗净切姜末。炒勺置旺火上，放入油，烧至五成热时倒入鸡蛋翻炒，再加葱、姜末略炒，加入韭菜，放盐、味精快速翻炒，淋香油，出勺即成。

②山韭菜鲫鱼羹　主料：山韭菜 200 克，鲫鱼 400 克。

制作方法：将山韭菜洗净切段。鲫鱼去鳞、鳃、内脏，冲洗干净；葱姜洗净均切末。炒勺内放油，烧五成热时，放入葱、姜末炝锅，然后加入水 1 000 克，再加盐、味精、料酒、胡椒粉、鲫鱼，煮至鱼肉刚熟，捞出片去鱼骨，将净鱼放回勺内，下入湿面粉煮成糊状，再放入山韭菜烧至入味，淋油出勺即成。

③山韭菜炒肉丝　主料：山韭菜 350 克，猪肉(肥瘦)100 克。

制作方法：将山韭菜洗净，切段。猪肉切细丝放入碗内，加少许盐、味精、料酒、酱油、湿淀粉 10 克(淀粉 5 克加水 5 克)稍腌。炒勺内放入油，先用葱、姜炝锅，放入肉丝煸炒，再倒入山韭菜，翻匀炒熟，出勺即可。

④山韭菜拌香干　主料：山韭菜 400 克，香干 100 克。

制作方法：将山韭菜洗净，切段，用开水烫一下，摊开凉透。香干切成 3 厘米长的丝，放在盘内。加入盐、味精、酱油、香醋、香油调拌均匀即成。

(2)春节食用有益于肝　初春时节的韭菜品质最佳，晚秋的次之，夏季的最差，有“春食则香，夏食则臭”之说。隔夜的熟韭菜不宜再吃。山韭菜与虾仁配菜，能提供优质蛋白质，同时韭菜中的粗纤维可促进胃肠蠕动，保持大便通畅。胃热炽盛者则不宜多食。

十五、猪 毛 菜

160.猪毛菜有哪些别名？产地、分布在哪里？

猪毛菜别名有扎蓬棵、刺蓬、三叉明棵、猪毛缨、叉明棵、猴子毛、蓬子菜、乍蓬棵子、蓬豆芽、轱辘娃子。为藜科一年生草本植物。

分布于我国东北、华北、西北、西南及川藏等地，多生长在田间、河谷、田埂、海滩等处，盐碱土壤有利于其生长。

161.怎样识别猪毛菜？

(1)茎　茎干直立，高 30～100 厘米。自基部分枝，枝互生，淡绿色，有红紫色条纹，生稀疏的短硬毛(图 39)。

(2)叶　叶片肉质，丝状圆柱形(图 39)，长 2～5 厘米，先端尖锐，灰绿色，叶面光滑，有白粉。茎干上部叶片密生，下部稀疏；下部叶片较上部长。

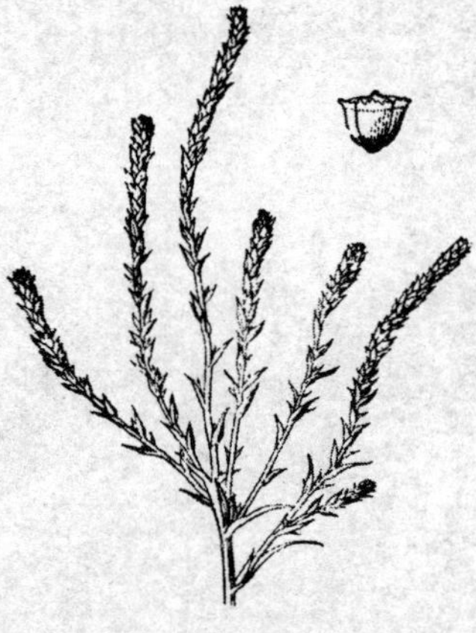

图 39　猪毛菜

(3)花　花小，细长穗状花序，着生于茎枝顶端或单生于叶腋处，先端有硬针刺。花期 7～9 月份。

(4)果　胞果倒卵形，果皮膜质。果期 9～10 月份。

(5)种子　种子横生或斜生，直径约 1.5 毫米，先端平。

162. 猪毛菜有哪些营养价值?

猪毛菜富含维生素与多种微量元素(表 12),其粗纤维含量更是韭菜、马铃薯等的数倍。同时由于其野生无公害特性,猪毛菜的食用价值近来被人们逐步认识。

表 12　每 100 克猪毛菜中含营养成分

营养成分	含量(克)	营养成分	含量(毫克)	营养成分	含量(毫克)
水	—	维生素 C	133.5	钙	4 440
粗蛋白	38.18	胡萝卜素	—	磷	—
粗脂肪	1.62	维生素 B_1	—	铁	6.7
碳水化合物	—	维生素 B_2	—		
粗纤维	19.82	尼克酸	—		

注:根据常丽新,刘晶芝. 河北省几种野菜营养成分分析[J]. 中国蔬菜. 2005(4):24～25 资料制表。

163. 猪毛菜有哪些药用价值?

猪毛菜性味淡、凉。可以降血压。猪毛菜硒和维生素 C 的含量较高,具有防癌作用,增强人体免疫能力,强身健体,延缓衰老及美容。

164. 猪毛菜生长要求怎样的环境条件?

猪毛菜较耐寒、耐旱、耐盐碱,在碱性沙质土壤上生长最好,多生长在村庄附近、路旁、荒地,喜直射强光,生长适宜温度为 18～25℃。

165. 怎样栽培猪毛菜?

在微碱性沙质土壤上每亩施用腐熟的有机肥 2 000 千克,翻耕整平后,做畦。播种前先浇足底水,杂草多的地块最好喷一次灭生性除草剂。

在无霜期内进行露地栽培，选用微碱性沙质土壤种植，无须过多的管理即可收获。我国沿海地区已经开始利用塑料大棚进行秋延后、春提前栽培。

猪毛菜的繁殖方式为种子繁殖。春提早播种可于春节后在塑料大棚中保温栽培。秋播可于9月底10月初进行，播前用温水浸种6～8小时，采用直播。每亩用种量1～1.2千克。由于种子细小，宜用细沙土拌匀后撒播，播种后用耙将畦面搂一遍，再撒一些过筛后的细沙土覆盖种子，覆土厚度1厘米左右。稍压畦面，覆盖地膜，3～4天出苗后，即可撤去地膜。

出苗后要注意保持畦面湿润。生长期可以喷施0.2%的尿素，采收后2～3天每亩施用5～10千克的速效氮肥。春季提前播种要注意保温，秋播一般在初霜前扣上大棚膜。白天温度保持在25～28℃，夜间15～18℃，冬季不低于5℃。

一般当植株长到25～30厘米时，采摘上部的嫩梢，留3～4片基叶，利用保鲜膜分装保鲜上市。采摘野生猪毛菜，一般在7～9月份进行，采摘植株上部5～10厘米的嫩梢。

166.猪毛菜有哪些病虫害?

一般猪毛菜很少感病。5～6月份时有蚜虫发生，要注意防治，方法见荠菜病虫害防治部分。

167.如何食用猪毛菜?食用注意事项有哪些?

①凉拌猪毛菜

做法：将采回的新鲜猪毛菜淘洗少晾，然后再放入开水锅焯一下，再捞出过清水，用刀切碎，加入蒜泥、小磨香油、芝麻酱、精盐、味精等调和即成。这种菜不但能清热、解毒，还有降低血压的功效。

②猪毛菜冬瓜盅

用料：猪毛菜400克，猪肉馅200克，小冬瓜1个，约重350

克，鸡蛋1个，葱末、姜末各15克，色拉油20克，酱油、料酒、盐、淀粉各10克，味精、胡椒粉各3克，芝麻油5克。

制法：将猪毛菜择洗干净，用沸水焯一下至变软，沥干水分，切成细末。冬瓜洗净，从小的一头距顶2～3厘米处切开，用小勺将里面掏空待用。将猪毛菜末、猪肉馅、鸡蛋液、葱末、姜末、酱油、料酒、淀粉、色拉油、盐、味精、胡椒粉、芝麻油放在一个大碗里，顺着一个方向拌匀成馅。将拌好的馅用小勺舀入冬瓜中，放入蒸屉内、锅内倒入水，上面放上蒸屉，蒸熟即可。

③红油猪毛菜　猪毛菜500克，熟芝麻15克，精盐5克，味精2克，辣椒油20克。菜焯后投凉，加盐、味精、辣油、芝麻拌匀即可。

食用注意事项：体虚、胃寒者慎用。

十六、小　根　蒜

168.小根蒜有哪些别名？产地、分布在哪里？

小根蒜别名有薤白、山蒜、苦蒜、小么蒜、小根菜、大脑瓜儿、野蒜。为百合科葱属多年生草本植物。

小根蒜在我国各地都有分布。生长于山野、荒地、田间、路旁，以沙质土和壤土、光照充足的地方生长较多。

169.怎样识别小根蒜？

(1)茎　高30～60厘米。鳞茎近球形，外被白色膜质鳞皮(图40)，后变黑色，直径0.7～1.5厘米。

(2)叶　叶基生，苍绿色，半圆柱状狭线形(图40)，中空，长20～40厘米，先端渐尖，基部鞘状抱茎。

(3)花　花茎由叶丛中抽出，单一，直立，伞形花序顶生，球状(图41)，有的花序只有很少的小花，而间以许多的肉质小珠芽。小花球形，粉红色或玫瑰色。花期6～8月份。

(4)果　蒴果倒卵形，先端凹入。果期8～9月份。

170.小根蒜有哪些营养价值？

小根蒜富含维生素与多种微量元素(表13)，是人们喜爱的良好的春季山菜，秋季采收其鳞茎晒成"小根菜籽"，更是别有风味。小根蒜无污染、无残毒，是一种有益健康、滋补保健、食药俱佳的山野菜，值得开发利用。

图 40　小根蒜

图 41　小根蒜花

表 13　每 100 克小根蒜含营养成分

营养成分	含量(克)	营养成分	含量(毫克)	营养成分	含量(毫克)
粗蛋白	3.1	胡萝卜素	0.11	钙	31.5
粗脂肪	0.4	维生素 B_1	0.08	磷	11.5
碳水化合物	—	维生素 B_2	0.14	铁	239
膳食纤维	0.9	尼克酸	—		
维生素 C	36				

注：姚玉霞，李泽鸿．几种山野菜营养成分分析[J]．中国食品学报，2003(4)资料制表。

171．小根蒜有哪些药用价值？

药用小根蒜鳞茎供药用，中药名薤白，性温，味辛、苦。具有温中通阳，散结，理气宽胸，健胃整肠的功用。主治胸痹心痛，赤白痢疾、疮疖等症。小根蒜具有温中散结，祛湿止痢之功效。有温补作用，可健脾开胃，助消化，解油腻，促进食欲。对体弱者而言，可润中补虚，使人耐寒。能解河豚中毒。薤白与桂枝、丹参等药物合用，能缓解心绞痛的发作。常吃小根蒜可改善冠状动脉粥样硬化病变，增加心肌血容量，有预防心绞痛和心肌梗死的功效。另外，薤白的钙、磷等无机盐含量极高，经常食用有利于强健筋骨，有“菜中灵芝”之美誉。

172. 小根蒜生长需要哪些环境条件？

谚语：“三月三，小根蒜钻天。”小根蒜于3月中旬土壤解冻时开始生长，喜凉爽气候条件，在夏季高温期休眠，冬季土壤结冻后以小鳞茎在地下越冬，春、秋两季生长最旺。气温在8～18℃，土壤湿润，光照充足，肥沃的沙质壤土中生长良好。

173. 小根蒜的栽培品种有哪些？

在我国小根蒜分为三个品种；长白野蒜、密花野蒜、新疆野蒜。吉林省对小根蒜开发出适合人工栽培的品种，主要品种有吉研2号、军研品系1号、2号、3号等。

174. 怎样繁殖小根蒜？

小根蒜生长喜欢冷凉的气候条件，因此播种可在春、秋两季进行。春播在3月中下旬土壤化冻后或顶凌播种，春播生长期短，植株生长缓慢，当年收获量较低。秋播在9月份高温期过后进行，鳞茎在地下越冬，第二年春季可获高产，这时也可留种采种。小根蒜的繁殖方式有种子繁殖、鳞茎繁殖等。

（1）种子繁殖　在播种前要先整地施肥，每亩施用优质腐熟的有机肥2 000千克，耕翻后做成畦，畦宽1.2米，在畦面上按行距8厘米开深5厘米的沟，种子拌细沙播撒于沟内。每亩用种子1千克，1米^{2}需保苗350株左右，播种后用耙子轻耥，浇透水，随后覆盖塑料膜或稻草保湿，出苗后，将覆盖物撤掉。幼苗2叶期间苗、除草，株距保持在2～3厘米。3～4叶期定苗，株距保持在6～

8 厘米。

(2)鳞茎繁殖 在春、秋两季,将小根蒜连根挖起,地下鳞茎的小分蘖也可在根盘处小心掰开,使每个小鳞茎带有适量的须根,然后将其按大小分出等级,在备好的高畦里,按 8 厘米行距开沟,按 5 厘米株距定植,随后,覆盖薄土,稍加镇压后再浇水,其他管理方法与种子繁殖法相同。

175. 小根蒜栽培怎样进行肥水管理?

春播小根蒜在生长初期阶段,应适当控制浇水,以中耕保墒为主。在 3 叶期后,生长量和蒸腾量增加,应开始浇水,鳞茎开始膨大前 7～10 天适度控水蹲苗,可抑制叶片生长,促使养分向鳞茎转移,促进鳞茎开始膨大。从鳞茎开始膨大到临近收获,植株生长量大,这时要加强水肥管理,在浇水同时每亩追施尿素 15 千克。在 5 月中下旬即可采收上市。

秋播小根蒜在苗期要防高温。秋播出苗后要预防湿涝积水,越冬前必须形成壮苗,即叶片黑绿粗壮,并已长出 3 叶 1 心。土壤结冻前,要浇封冻水。当冬季气温低于－10℃以下时,在畦面上盖上马粪或稻草护根防寒。在春季化冻时,慢慢清除稻草和枯萎叶片,结合浇返青水每亩施尿素 15 千克,过磷酸钙 30 千克。返青 30 天后进入发叶期,进行第二次追肥,每亩追施尿素 15 千克,以加快营养生长,促使鳞茎分蘖和膨大。同时,要把抽生出的花茎摘掉,以控制生殖生长。

176. 小根蒜田间管理中的注意事项有哪些?

小根蒜的鳞茎抗干旱能力特别强,将小根蒜鳞茎放在阳光下长时间暴晒,并不失去生命力,一旦遇到水分便可重新发芽生长。小根蒜喜肥沃疏松的沙质壤土或壤土,喜向阳坡地,不耐涝,地势低洼排水不良地块,则生长不好,容易烂根。小根蒜喜肥,越是肥沃地，生长越好，产量越高。最适合生长温度为15～20℃，超过28℃以上停止生长。另外，要注意对生产田（非留种田）适时掐薹，于6月份检查畦面，发现有抽薹者应及时掐除，否则影响产量。

177.怎样采收小根蒜？

小根蒜目前以食用为主，它的采收时间很关键。繁殖方法和播种时间的不同，其采收期也各有不同。小根蒜一般在5月中旬开始逐渐抽薹，春季应在抽薹前及时采收，采收过早产量低，采收过晚会抽薹，质量差。小根蒜秋季不抽薹，所以秋季在封冻前采收即可。小拱棚或大棚温室栽培的，若使用种子繁殖的要保证生长期在5～6个月；采收珠芽和鳞茎繁殖的生长期最低不少于3个月。当植株长到4叶时，掌握在未抽薹前采收。采收时要注意叶片完整，去净泥土，扎成小把上市出售。

178.小根蒜有哪些病虫害？怎样防治？

(1)小根蒜常见病害为疫病，为真菌性病害。防治方法：发病初期可交替用25%甲霜灵可湿性粉剂800倍，72.2%霜霉威（普力克）水剂800倍液喷雾。每7～10天喷1次，连续喷2～3次。

(2)小根蒜常见的虫害为葱蓟马，俗名烟蓟马，为杂食性害虫。成虫和若虫以锉吸式口器进行危害。

防治方法：及时清除田间枯枝残叶，并集中烧毁。

179.如何食用小根蒜？食用注意事项有哪些？

(1)小根蒜的食用方法　小根蒜全株可食，民间食用小根蒜具有悠久的历史，为朝鲜族传统野菜之一。食用方法也很多，主要有炒食、生食、腌渍、做馅等。

①生食　将采挖的小根蒜全株冲洗干净，沥干水即可蘸酱生食。

②炒食　将小根蒜洗净、切段，与猪肉相配即小根蒜回锅肉，也可与鸡蛋相配即小根蒜炒鸡蛋。具有滋阴润燥，行气散节的功效。

③腌渍　将小根蒜洗净，用盐泡 1 天，捞出沥干水，将辣椒面用开水泡开，姜与蒜捣碎，加入盐和适量白糖混匀，作为调料备用。再将萝卜、胡萝卜少许切成细丝，与腌好的小根蒜调匀，倒入调料搅拌均匀，2 天后即可食用。

④做馅　将小根蒜洗净、切碎，与肉或鸡蛋调匀做馅。

(2)食用注意事项　气虚者慎用。《食疗本草》:“发热病人不宜多食。”《本草汇言》:“阴虚发热病不宜食。”

附录　禁用的农药

1.蔬菜生产禁用的农药

国家明令禁止使用的农药有六六六、滴滴涕、毒杀芬、二溴氯丙烷、杀虫脒、二溴乙烷、除草醚、艾氏剂、狄氏剂、汞制剂、砷、铅类、敌枯双、氟乙酰胺、甘氟、毒鼠强、氟乙酸钠、毒鼠硅。

自 2007 年 1 月 1 日起，全面禁止甲胺磷、对硫磷、甲基对硫磷、久效磷和磷胺 5 种高毒有机磷农药在农业上使用。

在蔬菜上不得使用农药有甲胺磷、对硫磷、甲基对硫磷、久效磷、磷胺、甲拌磷、甲基异柳磷、特丁硫磷、甲基硫环磷、治螟磷、内吸磷、克百威、涕灭威、灭线磷、硫环磷、蝇毒磷、地虫硫磷、氯唑磷、苯线磷 19 种高毒农药及混配制剂。

2.无公害蔬菜生产中禁止使用的化学农药

无公害蔬菜生产中禁用农药品种有：甲胺磷、对硫磷(1605)、甲基对硫磷(甲基 1605)、久效磷、磷胺、氧化乐果、水胺硫磷、三氯杀螨醇、六六六、滴滴涕、毒杀芬、二溴氯丙烷、杀虫脒、二溴乙烷、除草醚、艾氏剂、狄氏剂、汞制剂、砷、铅类、敌枯双、氟乙酰胺、甘氟、毒鼠强、氟乙酸钠、毒鼠硅、甲拌磷、甲基异柳磷、特丁硫磷、甲基硫环磷、治螟磷、内吸磷、克百威、涕灭威、灭线磷、硫环磷、蝇毒磷、地虫硫磷、氯唑磷、苯线磷等高毒高残农药及混配制剂。

3.生产 A 级绿色食品禁止使用的农药

(1)严禁使用剧毒、高毒、高残留或具有三致毒性(致癌、致畸、致突变)的农药。

(2)严禁使用高毒高残留农药防治贮藏期病虫害。

(3)严禁使用基因工程品种(产品)及制剂。

附表1 生产A级绿色食品禁止使用的农药

种类	农药名称	禁用作物	禁用原因
有机氯杀虫剂	滴滴涕、六六六、林丹、甲氧DDT、硫丹	所有作物	高残毒
有机氯杀螨剂	三氯杀螨醇	蔬菜、果树、茶叶	工业品中含有一定数量的滴滴涕
有机磷杀虫剂	甲拌磷、乙拌磷、久效磷、对硫磷、甲基对硫磷、甲胺磷、甲基异柳磷、治螟磷、氧乐果、磷胺、地虫硫磷、灭克磷(益收宝)、水胺硫磷、氯唑磷、硫线磷、杀扑磷、特丁硫磷、克线丹、苯线磷、甲基硫环磷	所有作物	剧毒、高毒
氨基甲酸酯杀虫剂	涕灭威、克百威、灭多威、丁硫克百威、丙硫克百威	所有作物	高毒、剧毒或代谢物高毒
二甲基甲脒类杀虫杀螨剂	杀虫脒	所有作物	慢性毒性致癌
拟除虫菊酯类杀虫剂	所有拟除虫菊酯类杀虫剂	水稻及其他水生作物	对水生生物毒性大
卤代烷类熏蒸杀虫剂	二溴乙烷、环氧乙烷、二溴氯丙烷、溴甲烷	所有作物	致癌、致畸、高毒
阿维菌素		蔬菜、果树	高毒
克螨特		蔬菜、果树	慢性毒性
有机胂杀菌剂	甲基胂酸锌(稻脚青)、甲基胂酸钙(稻宁)、甲基胂酸铵(田安)、福美甲胂、福美胂	所有作物	高残毒
有机锡杀菌剂	三苯基醋酸锡(薯瘟锡)、三苯基氯化锡、三苯基羟基锡(毒菌锡)	所有作物	高残留、慢性毒性
有机汞杀菌剂	氯化乙基汞(西力生)、醋酸苯汞(赛力散)	所有作物	剧毒、高残毒
有机磷杀菌剂	稻瘟净、异稻瘟净	水稻	异臭

续附表1

种类	农药名称	禁用作物	禁用原因
取代苯类杀菌剂	五氯硝基苯、稻瘟醇(五氯苯甲醇)	所有作物	致癌、高残留
2,4-D类化合物	除草剂或植物生长调节剂	所有作物	杂质致癌
二苯醚类除草剂	除草醚、草枯醚	所有作物	慢性毒性
植物生长调节剂	有机合成的植物生长调节剂	所有作物	
除草剂	各类除草剂	蔬菜生长期(可用于土壤处理与芽前处理)	

以上所列是目前禁用或限用的农药品种,该名单将随国家新出台的规定而修订。

(引自 NY/T 393—2000《绿色食品 农药使用准则》)

4.生产AA级绿色食品禁止使用的农药

(1)禁止使用有机合成的化学农药,包括化学杀虫剂、杀螨剂、杀菌剂、杀线虫剂、除草剂和植物生长调节剂。

(2)禁止使用含有有机合成的化学农药成分的生物源、矿物源农药的复配剂。

(3)禁止使用基因工程品种(产品)及制剂。

5.有机蔬菜生产中禁用的农药

(1)严禁使用人工合成的杀虫剂、杀螨剂、杀线虫剂、除草剂和其他农药。

(2)不允许使用人工合成的植物生长调节剂和染色剂。

(3)禁止使用混配有机合成农药的动植物源农药、矿物源农药、微生物源农药及其他来源农药的各种制剂。

(4)不允许使用基因工程生物或其产物。

参 考 文 献

[1] 赵培洁,肖建中.中国野菜资源学.北京:中国环境科学出版社,2006.

[2] 徐践.野菜栽培与加工.北京:中国林业出版社,2003.

[3] 何小勇,柳新红,刘跃钧.森林蔬菜利用与栽培.北京:中国林业出版社,2006.

[4] 张国宝,等.野菜栽培与利用.北京:金盾出版社,2010.

[5] 王迪轩,罗美庄.特种蔬菜栽培技术——叶菜类.北京:化学工业出版社,2010.

[6] 郭文场.野菜栽培与食用.北京:中国农业出版社,2010.

[7] 马萱,岳瑾.野菜栽培技术问答.北京:中国农业大学出版社,2007.

[8] 赵晨霞.果蔬贮藏加工技术.北京:科学技术出版社,2004.

[9] 李继承,朱雅玲,雷晓峰.野生蔬菜栽培技术.长沙:湖南科学技术出版社,2010.